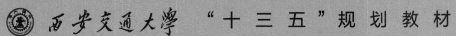
西安交通大学 "十 三 五" 规 划 教 材
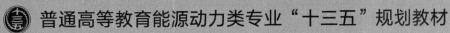
普通高等教育能源动力类专业"十三五"规划教材

固体废物处理、处置与资源化实验教程

主编 梁继东 副主编 高宁博 张 瑜

西安交通大学出版社
XI'AN JIAOTONG UNIVERSITY PRESS

图书在版编目(CIP)数据

固体废物处理、处置与资源化实验教程/梁继东主编.
—西安:西安交通大学出版社,2018.8(2021.12 重印)
ISBN 978-7-5693-0664-4

Ⅰ.①固…　Ⅱ.①梁…　Ⅲ.①固体废物处理-实验
-教材　Ⅳ.①X705-33

中国版本图书馆 CIP 数据核字(2018)第 120525 号

书　　名	固体废物处理、处置与资源化实验教程
主　　编	梁继东
责任编辑	田　华

出版发行　　西安交通大学出版社
　　　　　　　(西安市兴庆南路 1 号　邮政编码 710048)
网　　址　　http://www.xjtupress.com
电　　话　　(029)82668357　82667874(发行中心)
　　　　　　　(029)82668315(总编办)
传　　真　　(029)82668280
印　　刷　　西安日报社印务中心

开　　本　　787mm×1092mm　1/16　　**印张** 10.25　　**字数** 243 千字
版次印次　　2018 年 8 月第 1 版　2021 年 12 月第 3 次印刷
书　　号　　ISBN 978-7-5693-0664-4
定　　价　　25.00 元

Foreword 前言

  "固体废物处理、处置与资源化实验教程"是环境科学、环境工程、资源循环等专业必修课程"固体废物处理与处置""固体废物处理与资源化""固体废物管理"等的配套实验教材。在环境保护类相关专业人才培养领域占有重要地位,起着培养学生理论联系实践和动手操作能力的关键作用。

  本实验教材内容是在大量参考国内外资料,并基于编者多年的教学和科研经验编写而成的。全书按照学科基本构架分为8章,包括固体废物样品基础理化性质分析、固体废物的预处理、固体废物的好氧堆肥、固体废物的厌氧消化、固体废物的热处理、危险固体废物的鉴别与处理、固体废物的填埋、固体废物资源化。其中,第2章到第6章为固体废物处理与处置的主流处理与处置工艺,分别按照基础实验和综合实验编汇。一方面,本教材在全面系统体现学科构架基础上,与时俱进地融合了部分创新实验内容,与固体废物处理与处置的基础理论和技术发展相辅相成,既能满足基本的固体废物处理与处置实验技能培养需要,又能较好地吸纳该学科国内外新进发展的理论和技术。另一方面,本教材旨在培养学生掌握固体废物处理与处置的基础实验技能,并使学生能够运用已掌握的基础实验技能解决本领域的综合环境问题。

  教材中每个实验在内容上力求实验原理叙述清楚,实验步骤简明扼要,相关实验仪器的原理、操作步骤介绍清晰,实验结果处理和总结讲解清楚。通过本课程的学习,可以加深学生对固体废物处理与处置技术基本原理的理解,提高学生的实验技能。同时,教师可根据人才培养方案和实验室的设备条件,选择开设创新性实验,开阔学生的视野,激发学生的学习兴趣,从而推动创新性人才培养。

  本实验教材第1、3、4、7章由梁继东编写,第2、6章由张瑜编写,第5、8章由高宁博编写,全书由梁继东负责统稿。在本书编写过程中,研究生王金兴、高厦、滕庭庭、李宗阳、李家琦和韩映等协助收集和整理了部分资料。同时本书也参考了大量专家学者的相关文献,借鉴引用了部分内容,在此一并表示诚挚的感谢。本教材编写得到了西安交通大学本科"十三五"规划教材建设资助。

  本书适用于高等院校师生的实验教学和学习参考,并可供从事环境科学、环境工程、资源循环等领域研究的研究生、科研人员及工程技术人员阅读和参考。各单位可根据实际情况选作其中部分实验项目。

  由于编者水平有限,疏漏和不妥之处在所难免。恳请广大读者批评指正。

编 者

2018 年 6 月

Contents 目录

第一章 固体废物样品基础理化性质分析实验

实验一 固体废物含水率的测定

1. 实验目的

掌握固体废物含水率的测试方法,分析获得固体废物样本的含水率,为固体废物处理方法选择、工艺设计、物料调配和处理过程监控提供数据参考。

2. 实验原理

采用重量法测定固体废物含水率。固体废物样品中的水分经 105 ℃的烘箱烘干至恒定质量,计算样品中损失的质量与样品初始质量的百分比,即得到样品的含水率 $C_水$。

3. 材料与方法

3.1 实验用仪器
(1)小型电热恒温烘箱。
(2)分析天平:精度 0.1 mg。
(3)铝盒若干。
(4)干燥器。

3.2 测定步骤
(1)将采集固体废物样品破碎至粒径小于 15 mm 的细块,准确称量固体废物鲜样 20 g,放入已知质量的铝盒中(记为 M_0),盖好盒盖,称量,即铝盒加样品的湿重,记为 M_1。

(2)揭开盒盖,放入烘箱中,在(105±5)℃下烘干 4~8 h,取出放到干燥器中冷却 0.5 h 后称重,重复烘 1~2 h,冷却 0.5 h 后再称重,直至恒重(2 次称重之差不超过试样质量的 0.5%)。

(3)从干燥器内取出铝盒,盖好盒盖,称量,即铝盒加烘干样品的质量,记为 M_2。

3.3 结果计算
固体废物含水率可通过下式计算

$$C_水(\%) = (M_1 - M_2)/(M_1 - M_0) \times 100\%$$

式中：$C_水$——固体废物的含水率，%；

M_0——铝盒质量，g；

M_1——固体废物湿基加铝盒的质量，g；

M_2——固体废物干基加铝盒的质量，g。

4. 思考题

（1）对于固体废物处理，分析物料含水率的意义是什么？

（2）根据实验测试结果，若需将物料调配成含水率为 80% 物料进行后续处理，需要如何调配？

实验二　固体废物 pH 的测定

1. 实验目的

掌握固体废物 pH 的测试方法，分析获得固体废物样本的 pH 指标，为固体废物处理方法选择、工艺设计、物料调配和处理过程监控提供数据参考。

2. 实验原理

采用玻璃电极法测量固体废物的 pH，通过测量电池的电动势测定 pH。该电池以玻璃电极为指示电极，饱和甘汞电极为参比电极。在 25 ℃理想条件下，氢离子活度变化 10 倍，使电动势偏移 59.16 mV，据此在仪器上直接以 pH 的读数表示。仪器上设置有温度差异的补偿装置。

3. 材料与方法

3.1 主要仪器

（1）pH 计。

（2）磁力搅拌器。

（3）小型电热恒温烘箱。

（4）分析天平：精度 0.1 mg。

（5）铝盒若干。

（6）250 mL 聚四氟乙烯烧杯。

（7）干燥器。

3.2 主要试剂

（1）标准溶液 A：酒石酸氢钾（25 ℃饱和），pH 为 3.5～3.7。

（2）标准溶液 B：邻苯二甲酸氢钾（0.05 mol/kg），pH 为 3.9～4.3。

（3）标准溶液 C：磷酸二氢钾（0.025 mol/kg），磷酸氢二钠（0.025 mol/kg），pH 为 6.8～7.0。

（4）标准溶液 D：磷酸二氢钾（0.008695 mol/kg），磷酸氢二钠（0.03043 mol/kg），pH 为7.3～7.6。

（5）标准溶液 E：硼砂（0.01 mol/kg），pH 为 8.8～9.5。

3.3 测定步骤

（1）称取烘干至恒重的样品 50 g 置于 250 mL 聚四氟乙烯烧杯中，加入 250 mL 蒸馏水，放在磁力搅拌器上充分搅拌 0.5 h，过滤，收集上清液。液体样品（如垃圾渗滤液）则无需浸提，直接测量。

（2）将水样与标准溶液调到同一温度，记录测定温度，并将仪器温度补偿旋钮调至该温度上。

（3）选取一种上述标准溶液（A、B、C、D 或 E）校正仪器，其与样品 pH 值相差应不超过 2个 pH 单位，从该标准溶液中取出电极，彻底冲洗并用滤纸吸干。再将电极浸入第二个标准溶液中，其 pH 值大约与第一个标准溶液相差 3 个 pH 单位，如果仪器响应的示值与第二个标准溶液的 pH 值之差大于 0.1 个 pH 单位，就要检查仪器、电极或标准溶液是否存在问题。当三者均正常时，方可用于测定样品。

（4）测定样品时，先用蒸馏水认真冲洗电极，再用水样冲洗，然后将电极浸入样品中，小心摇动或进行搅拌使其均匀，静置，待读数稳定时记下 pH 值。

4. 注意事项

（1）每种样品取两个平行样测定 pH 值，结果差值不应大于 0.5，否则应再取1～2个样品重复测定，结果应用测得的 pH 值范围表示。

（2）每次测量后，必须仔细清洗电极数次后方可测量另一样品。

（3）对于高 pH 值（>10）或低 pH 值（<2）的试样，两个平行样品的 pH 测定结果允许差值不应超过 0.2，否则应再取 1～2 个样品重复测定。

（4）在测定 pH 值的同时，应报告环境温度、样品来源、粒度大小、实验过程中的异常现象，特殊情况下实验条件的改变及原因等。

5. 思考题

（1）对于固体废物处理，分析物料 pH 值的意义是什么？

（2）根据实验数据，若某一处理工艺需将物料调整为中性范围（pH＝6～8），可采用哪些措施？

<h2 align="center">实验三　固体废物电导率的测定</h2>

1. 实验目的

掌握固体废物电导率的测试方法，分析获得固体废物样本的电导率指标，为固体废物处理方法选择、工艺设计、物料调配和处理过程监控提供数据参考。

2. 实验原理

电导率为距离 1 cm 和截面积 1 cm² 的两个电极间所测的电阻的倒数,由电导率仪直接读数。

3. 材料与方法

3.1 主要仪器

(1)电导率仪(附配套电导电极)。

(2)恒温水浴锅。

(3)100 mL 或 250 mL 烧杯。

3.2 测定步骤

(1)0.0100 mol/L 氯化钾标准溶液配置:取少量氯化钾(优级纯),在 110 ℃烘箱内干燥 2 h,冷却后精确称取 0.7456 g,溶于新煮沸放冷的重蒸馏水中(电导率小于 1 μs/cm),转移到 1000 mL 容量瓶中,并稀释至刻度。此溶液在 25 ℃时的电导率为 1411.83 μs/cm。溶液储存在具有玻璃塞的硬质玻璃瓶中。

(2)按电导率仪使用说明,选好电极和测量条件,并调校好电导率仪,将电极用待测溶液洗涤 3 次后,插入盛放待测溶液的烧杯中。选择适当量程,读出表上读数,即可计算出待测溶液的电导率值。

3.3 其他说明

(1)电极维护:电极引线不要受潮,否则将影响测量的准确度。盛放待测溶液的烧杯应用待测溶液清洗 3 次,以避免离子污染。

(2)精密度和准确度:同一实验室对电导率为 1.36 μs/cm 的水样,经 10 次测定,其相对标准偏差为 1.0%。

(3)电极常数的测定:取未知电极常数的电极,用氯化钾标准溶液洗涤 5 次后,插入盛放氯化钾标准溶液的烧杯中,测量一定温度下的电导率,即可计算出电极的电极常数

$$电极常数 = K/S$$

式中:K——一定温度下氯化钾标准溶液的电导率,可从 GB 6682 附录 A 中查出。

S——同一实验条件下,测出的氯化钾标准溶液的电导。

注:有的电导率仪出厂时已标明配套电极的电极常数,可直接进行电极常数的补偿校正。未知电极的电极常数,可用本法测定。

4. 注意事项

(1)温度补偿采用固定的 2% 的温度系数补偿。

(2)为确保测量精度,电极使用前应用小于 0.5 μs/cm 的蒸馏水(或去离子水)冲洗两次,

然后用被测试样冲洗三次后方可测量。

（3）电极插头、插座绝对禁止沾水，以免造成不必要的测量误差。

（4）电极应定期进行常数标定，电极常数不必经常测定，但当重新镀铂黑时，必须重新测定。

5.思考题

（1）对于固体废物处理，分析电导率的意义是什么？

（2）电导率反映了固体废物中哪类组分信息？

实验四　固体废物总固体(TS)和挥发性固体(VS)的测定

1.实验目的

分析获得固体废物中总固体(total solid,TS)和挥发性固体(volatile solid,VS)含量，为固体废物处理工艺设计和过程控制提供依据。

2.实验原理

根据固体废物中水分和有机质在一定温度下蒸发或挥发导致的重量变化进行测试。具体操作流程如图 1-1 所示。

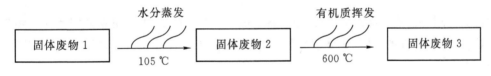

图 1-1　固体废物水分和有机质分析

3.总固体(TS)的测定

采用烘干重量法测定固体废物样品 TS。具体测试步骤如下。

（1）将坩埚放在烘箱(105±5)℃下烘 1 h 左右至恒重，称重并记录数据 M_1(g)。

（2）将待测固体样品置于以上恒重坩埚中，记录此时质量 M_2(g)。再将其置于(105±5)℃下烘干至恒重，并记录此时的数据 M_3(g)。

（3）按下式计算固体废物样品的 TS

$$TS(\%) = \frac{M_2 - M_3}{M_2 - M_1} \times 100\%$$

4. 挥发性固体(VS)的测定

采用高温灼烧法测定固体废物中的 VS,具体步骤如下。

(1)将坩埚放在烘箱(105±5)℃下烘 1 h 左右至恒重,称重并记录数据 M_1(g)。

(2)将待测固体样品置于以上恒重坩埚中,将其置于(105±5)℃下烘干至恒重,记录该质量 M_2(g)。

(3)将样品置于 600 ℃的马弗炉里灼烧 2 h 左右至恒重,取出冷却至室温,称重并记录数据 M_3(g)(灼烧残留量＋坩埚重)。

(4)按下式计算固体废物样品的 VS

$$VS(\%) = \frac{M_2 - M_3}{M_2 - M_1} \times 100\%$$

5. 思考题

(1)简述 TS 与 VS 的关系。

(2)根据实验测试结果,尝试为该固体废物选择合适的处理工艺,并说明选择原因。

实验五　固体废物总有机碳(TOC)的测定

1. 实验目的

掌握固体废物总有机碳(total organic carbon,TOC)的测试方法,分析获得固体废物 TOC 含量,这可为物料属性的判断、固体废物处理方法选择、工艺设计、物料调配和处理过程监控等提供数据参考。

2. 实验原理

在加热条件下,样品中的有机碳被过量重铬酸钾-硫酸溶液氧化,重铬酸钾中的六价铬(Cr^{6+})被还原为三价铬(Cr^{3+}),其含量与样品中有机碳的含量成正比,于 585 nm 波长处测定吸光度,根据三价铬(Cr^{3+})的含量计算有机碳含量。

3. 实验材料与方法

3.1 主要仪器

(1)分光光度计:具有 585 nm 波长,并配有 10 mm 比色皿。

(2)分析天平:精度 0.1 mg。

(3)恒温加热器:温控精度为 135 ℃±2 ℃。恒温加热器带有加热孔,其孔深应高出具塞消解玻璃管内液面约 10 mm,且具塞消解玻璃管露出加热孔部分约 150 mm。

(4)具塞消解玻璃管:具有 100 mL 刻度线,管径为 35～45 mm。注意:具塞消解玻璃管外壁必须能够紧贴恒温加热器的加热孔内壁,否则不能保证消解完全。

(5)离心机:0～3000 r/min,配有 100 mL 离心管。

3.2 主要试剂

(1)1.84 g/mL 硫酸(H_2SO_4)。

(2)硫酸汞($HgSO_4$)。

(3)0.27 mol/L 重铬酸钾($K_2Cr_2O_7$)溶液:称取 80.00 g 重铬酸钾溶于适量水中,溶解后移至 1000 mL 容量瓶,用水定容,摇匀。该溶液贮存于试剂瓶中,4 ℃下保存。

(4)10.00 g/L 葡萄糖($C_6H_{12}O_6$)标准使用液:称取 10.00 g 葡萄糖溶于适量水中,溶解后移至 1000 mL 容量瓶,用水定容,摇匀。该溶液贮存于试剂瓶中,有效期为一个月。

3.3 测定步骤

(1)标准曲线的绘制。

①分别量取 0.00、0.50、1.00、2.00、4.00 和 6.00 mL 葡萄糖标准使用液于 100 mL 具塞消解玻璃管中,其对应有机碳质量分别为 0.00、2.00、4.00、8.00、16.0 和 24.0 mg。

②分别加入 0.1 g 硫酸汞和 5.00 mL 重铬酸钾溶液,摇匀,再缓慢加入 7.5 mL 硫酸,轻轻摇匀。

③开启恒温加热器,设置温度为 135 ℃。当温度升至接近 100 ℃时,将上述具塞消解玻璃管开塞放入恒温加热器的加热孔中,以仪器温度显示 135 ℃时开始计时,加热 30 min。然后关掉恒温加热器,取出具塞消解玻璃管水浴冷却至室温。向每个具塞消解玻璃管中缓慢加入约 50 mL 蒸馏水,继续冷却至室温。再用水定容至 100 mL 刻线,加塞摇匀。

④于波长 585 nm 处,用 10 mm 比色皿,以水为参比,分别测量吸光度。

⑤以零浓度校正吸光度为纵坐标,以对应的有机碳质量(mg)为横坐标,绘制标准曲线。

(2)样品测量。

①准确称取适量风干后的待测样品,小心加入至 100 mL 具塞消解玻璃管中,避免沾壁。

②按照标准曲线的绘制步骤②加入试剂,按照标准曲线的绘制步骤③进行消解、冷却、定容。

③将定容后试液静置 1 h,取约 80 mL 上清液至离心管中以 2000 r/min 的转速离心分离 10 min,再静置至澄清;或在具塞消解玻璃管内直接静置至澄清。

④取上清液按照标准曲线的绘制步骤④测量吸光度。

⑤根据标准曲线确定测得的吸光度对应的 TOC 浓度。

3.4 注意事项

(1)当样品有机碳含量超过 16.0% 时,应增大重铬酸钾溶液的加入量,重新绘制标准曲线。

(2)一般情况下,试液离心后静置至澄清约需 5 h,直接静置至澄清约需 8 h。

4 思考题

(1)根据实验结果计算物料的干基碳含量(%)和湿基碳含量(%)。

(2)对于固体废物的生物处理或燃烧处理,试分析测试物料 TOC 的意义是什么?

实验六　固体废物总氮(TN)的测定

1.实验目的

分析获得固体废物中总固体氮含量特征,氮是固体废物中重要的组成元素,是影响生物处理的营养因素之一。因此总氮(total nitrogen,TN)分析对于固体废物的生物处理工艺设计和过程控制具有重要指导意义。

2.实验原理

采用凯氏定氮法测试 TN。TN 在硫代硫酸钠、浓硫酸、高氯酸和催化剂的作用下,经氧化还原反应全部转化为铵态氮。消解后的溶液碱化蒸馏出的氨被硼酸吸收,用标准盐酸溶液滴定,根据标准盐酸溶液的用量来计算样品中总氮含量。

3.实验材料

3.1 主要仪器

(1)研磨机。

(2)玻璃研钵。

(3)60 目筛。

(4)分析天平:精度为 0.1 mg。

(5)电热板(温度可达 400 ℃)。

(6)凯氏定氮蒸馏装置(见图 1-2)。

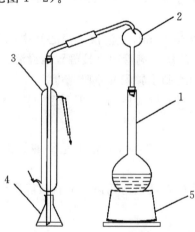

图 1-2　凯氏定氮蒸馏装置

1—凯氏蒸馏瓶;2—定氮球;3—直形冷凝管;4—接收瓶;5—加热装置

(7)凯氏氮消解瓶(50 mL)。

(8)酸式滴定管(25 mL)。

(9)锥形瓶(250 mL)。

3.2 主要试剂

(1)无氨水。

(2)浓硫酸(H_2SO_4):$\rho=1.84$ g/mL。

(3)浓盐酸(HCl):$\rho=1.19$ g/mL。

(4)高氯酸($HClO_4$):$\rho=1.768$ g/mL。

(5)无水乙醇(C_2H_6O):$\rho=0.79$ g/mL。

(6)催化剂:将 200 g 硫酸钾(K_2SO_4)、6 g 无水硫酸铜($CuSO_4$)、6 g 二氧化钛(TiO_2)于玻璃研钵中充分混匀,研细,贮于试剂瓶中保存。

(7)还原剂:将五水合硫代硫酸钠研磨后过 60 目筛,临用现配。

(8)氢氧化钠(NaOH)溶液:$\rho=400$ g/L。

(9)硼酸(H_3BO_3)溶液:$\rho=20$ g/L。

(10)碳酸钠标准溶液(Na_2CO_3):$c=0.0500$ mol/L。

(11)甲基橙指示剂:$\rho=0.5$ g/L。

(12)盐酸标准贮备溶液:吸取 4.20 mL 浓盐酸(试剂(3))于 1000mL 容量瓶中,并用水稀释至标线,此溶液浓度约为 0.05 mol/L。

(13)盐酸标准溶液:吸取 50.00 mL 盐酸标准贮备溶液(试剂(12))于 250 mL 容量瓶中,用水稀释至标线。

(14)混合指示剂:将 0.1 g 溴甲酚绿和 0.02 g 甲基红溶解于 100 mL 无水乙醇(试剂(5))中。

4. 实验步骤

(1)将样品用研磨机研磨过 60 目筛。

(2)准确称取 0.5 g 过筛后样品,放入凯式氮消解瓶中,用少量水润湿,再加入 4 mL 浓硫酸,瓶口上盖小漏斗,转动凯式氮消解瓶使其混合均匀。

(3)使用干燥的长颈漏斗将 0.5 g 还原剂加到凯式氮消解瓶底部,置于电热板上加热,待冒烟后停止加热。

(4)冷却后加入 1.1 g 催化剂,摇匀,继续在电热板上消煮,消煮时保持微沸状态,使白烟到达瓶颈 1/3 处回旋,待消煮液呈灰白色稍带绿色后,表明消解完全,再继续消煮 1 h,冷却。在样品消煮过程中,如果不能完全消解,可以冷却后加几滴高氯酸后再消煮。

(5)按照图 1-2 连接蒸馏装置,蒸馏前先检查蒸馏装置气密性,并将管道洗净。

(6)将消解液转入蒸馏瓶中,并用水洗涤凯式氮消解瓶 4~5 次,总用量不超过 80 mL,连接到凯式氮蒸馏装置上。

(7)在 250 mL 锥形瓶中加入 20 mL 硼酸溶液和 3 滴混合指示剂吸收馏出液,导管管尖伸入吸收液液面以下。

(8)将蒸馏瓶成 45°斜置,缓缓沿壁加入 NaOH 溶液 20 mL,使其在瓶底形成碱液层。迅速连接定氮球和冷凝管,摇动蒸馏瓶使溶液充分混匀,开始蒸馏,待馏出液体积约 100 mL 时,蒸馏完毕。用少量已调节至 pH 为 4.5 的水洗涤冷凝管的末端。

(9)用盐酸标准溶液滴定蒸馏后的馏出液,至溶液颜色由蓝绿色变为红紫色,记录所用盐酸标准溶液体积。

(10)凯式氮消解瓶中不加入试样,按照步骤(1)到(9)测定,记录所用盐酸标准溶液体积。

5. 结果计算

根据下式计算样品中 TN 含量

$$w_N = \frac{(V_1 - V_0) \cdot C_{HCl} \times 14.0 \times 1000}{m \cdot w_{dm}}$$

式中:w_N——样品中总氮含量,mg/kg;

V_1——样品中消耗盐酸标准溶液的体积,mL;

V_0——空白实验消耗盐酸标准溶液的体积,mL;

C_{HCL}——盐酸标准溶液的浓度,mol/L;

14.0——氮的摩尔质量,g/mol;

w_{dm}——样品的干物质含量,%;

m——称取样品的质量,g。

结果保留 3 位有效数字,按科学计数法表示。样品的干物质含量根据含水率进行计算。

6. 思考题

(1)根据实验结果计算物料的干基氮含量(%)和湿基氮含量(%)。

(2)对于固体废物的生物处理,分析物料 TN 的意义是什么?

实验七　固体废物总磷(TP)的测定

1. 实验目的

分析获得固体废物中总固体磷含量。磷是微生物生长必须的营养元素,因此总磷(total phosphorus,TP)的分析对于固体废物生物处理的营养调配具有重要指导意义。

2. 实验原理

采用钼锑抗分光光度法测试总磷,即在酸性条件下,正硫酸盐与钼酸铵、酒石酸锑氧钾反应,生成磷钼杂多酸,被还原剂抗坏血酸还原,则变成蓝色络合物,通常称为磷钼蓝。

3. 材料与方法

3.1 所需试剂及其配置

(1)3 mol/L H_2SO_4 溶液:于 800 mL 水中,在不断搅拌下小心加入 168.0 mL 的密度为 1.84 g/mL 的浓硫酸,冷却后将溶液移入 1000 mL 容量瓶中,加水至标线,混匀。

(2)0.5 mol/L H_2SO_4 溶液:于 800 mL 水中,在不断搅拌下小心加入 28.0 mL 的密度为 1.84 g/mL 的浓硫酸,冷却后将溶液移入 1000 mL 容量瓶中,加水至标线,混匀。

(3)1+1 H_2SO_4 溶液:蒸馏水和密度为 1.84 g/mL 的浓硫酸按照体积比为 1:1 混合。

(4)2 mol/L NaOH 溶液:称取 20.0 g 优级纯 NaOH 颗粒,溶解于 200 mL 水中,待溶液冷却后移入 250 mL 容量瓶,加水至标线,混匀。

(5)无水乙醇($\rho=0.789$g/mL)。

(6)优级纯 KH_2PO_4:将适量 KH_2PO_4 于 110 ℃干燥 2 h,在干燥器中冷却至室温。

(7)10%抗坏血酸溶液:称取 10.0 g 优级纯抗坏血酸于适量水中,并移入 100 mL 容量瓶中,加水至标线混匀。该溶液贮存在棕色玻璃瓶中,在约 4 ℃可稳定两周。如颜色变黄,则弃去重配。

(8)0.13 g/mL 钼酸铵溶液:称取 13.0 g 钼酸铵溶于 100 mL 水中。

(9)0.0035 g/mL 酒石酸锑氧钾溶液:称取 0.35 g 优级纯酒石酸锑氧钾溶于 100 mL 水中。

(10)钼酸盐溶液:在不断搅拌下,将 0.13 g/mL 钼酸铵溶液缓慢加入到已冷却的 300 mL 的 1+1 H_2SO_4 溶液中,再加入 100 mL 上述酒石酸锑氧钾溶液,混匀。该溶液贮存在棕色玻璃瓶中,在约 4 ℃可以稳定 2 个月。

(11)50.0 mg/L 磷标准贮备溶液:称取 0.2197 g 优级纯 KH_2PO_4 溶于适量水,移入 1000 mL 容量瓶中。加 1+1 H_2SO_4 溶液 5 mL,用水稀释至标线,混匀。该溶液贮存在棕色玻璃瓶中,在约 4 ℃下可以稳定 6 个月。

(12)5.00 mg/L(以 P 计)磷标准工作溶液:移取 25.00 mL 磷酸盐贮备溶液($\rho=50.0$ mg/L)于 250 mL 容量瓶中,用水稀释至标线,混匀。该溶液临用时现配。

(13)0.002 g/L 2,4-二硝基酚指示剂:称取 0.2 g 的 2,4-二硝基酚(优级纯)溶解于 100 mL 水中,混匀。

3.2 测试步骤

(1)称取通过 0.149 mm 孔径筛的固体废物干样品 0.2500 g(精确到 0.0001 g)于镍坩埚底部,用几滴无水乙醇湿润样品。

(2)加入 2 g 固体 NaOH 平铺于样品的表面,将样品覆盖,盖上坩埚盖。

(3)将坩埚放入高温电炉中持续升温,当温度升至 400 ℃左右时,保持 15 min;然后继续升温到 640 ℃,保温 15 min,取出冷却。

(4)向坩埚中加入 10 mL 水加热至 80 ℃,待熔块溶解后,将坩埚内的溶液转入 50 mL 离心管中,再用 10 mL 3 mol/L H_2SO_4 溶液分三次洗涤坩埚,洗涤液转入离心管中,进而用适量的水洗涤坩埚三次,洗涤液全部转入离心管中,然后以 2500~3500 r/min 离心分离 10 min。

静置后将上清液全部转移至 100 mL 容量瓶中,用水定容,待测。

(5)取 6 支 50.0 mL 具塞比色管,分别加入磷酸盐标准溶液 0.00、0.50、1.00、2.00、4.00、5.00 mL,加水稀释至刻度,标准系列中的磷含量分别为 0.00、2.50、5.00、10.00、20.00、25.00 μg。

(6)向上述比色管中加入 2~3 滴 2,4-二硝基酚指示剂。

(7)用 0.5 mol/L H_2SO_4 溶液和 2 mol/L NaOH 溶液调节 pH 值为 4.4 左右,至溶液刚呈微黄色。再加入 1.0 mL 抗坏血酸溶液,混匀。

(8)30 s 后再加入 2.0 mL 钼酸盐溶液充分混匀,于 20~30 ℃下放置 15 min。用 30 mm 比色皿,于 700 nm 波长处,以零浓度溶液(水)为参比,分别测量吸光度。以试剂吸光度为纵坐标,对应的含磷量(μg)为横坐标绘制标准曲线。

(9)移取 10 mL(或根据样品浓度确定量取体积)待测样品于 50 mL 具塞比色管中,加水稀释至标线,加入 1 滴 2,4-二硝基酚指示剂。

(10)用 0.5 mol/L H_2SO_4 溶液和 2 mol/L NaOH 溶液调节 pH 至溶液刚呈微黄色。

(11)按照与绘制标准曲线相同步骤进行显色和测量。

(12)移取 10 mL 处理后的空白试样(不加固体干样品,其余步骤相同),然后按照相同操作步骤进行测定。

4. 结果计算

按照公式计算 TP,计算结果保留三位有效数字。

$$w_P = \frac{[(A - A_0) - a] \cdot V_1}{b \cdot m \cdot w_{dm} \cdot V_2}$$

式中：w_P——固体样品中总磷的含量,mg/kg;

A——样品的吸光度值;

A_0——空白实验的吸光度值;

a——标准曲线的截距;

V_1——试样定容体积,mL;

b——标准曲线的斜率;

V_2——试样体积,mL;

m——样品量,g;

w_{dm}——固体样品的干物质含量(质量分数),%,为 1-含水率(%)。

5. 思考题

(1)生物处理的最佳碳氮磷比范围是什么?

(2)当物料缺乏磷源时能采取哪些措施改善?

本章参考文献

[1]宋立杰,赵天涛,赵由才.固体废物处理与资源化实验[M].北京:化学工业出版社,2008.

[2]唐次来,张增强,张永涛,等. 杨凌示范区城市生活垃圾的理化性质及处理对策研究[J].农

业环境科学学报,2006,25(5):1365-1370.

[3]常瑞雪,甘晶晶,陈清,等.碳源调理剂对黄瓜秧堆肥进程和碳氮养分损失的影响[J].农业工程学报,2016,32(10):254-259.

[4]李秀金.固体废物处理与资源化[M].北京:科学出版社,2011.

[5]李培生,孙路石,向军,等.固体废物的焚烧和热解[M].北京:中国环境科学出版社,2006.

[6]王洪涛.农村固体废物处理处置与资源化技术[M].北京:中国环境科学出版社,2006.

[7]钱婷婷.磷在固体废物热处理过程中的迁移转化及再利用[D].合肥:中国科学技术大学,2014.

[8]陆文静.农村固体废物处理处置与资源化技术[M].北京:中国环境科学出版社,2006.

第一章 固体废物样品基础理化性质分析实验

第二章 固体废物预处理实验

第一节 固体废物预处理基础实验

实验一 固体废物样品体积密度、孔隙率及吸收率的测定

1. 实验目的

了解无机性质各指标的物理意义、测定原理和测量方法,通过测定体积密度、密度(真密度),掌握计算材料孔隙率和吸水率的方法。

2. 实验原理

材料的孔隙率、吸水率的计算都是基于密度的测定,而密度的测定则是基于阿基米德原理。浸在液体中的任何物体都要受到浮力的作用,浮力的大小等于该物体排开液体的重量。重量是一种重力的值,但在使用杠杆原理设计制造的天平进行测量时,对物体重量的测定已归结为对其质量的测定。因此,阿基米德原理可用下式表示

$$m_1 - m_2 = VD_L$$

式中:m_1——在空气中称量物体时所得的质量,g;

m_2——在液体中称量物体时所得的质量,g;

V——物体的体积,cm^3;

D_L——液体的密度,$g \cdot cm^{-3}$。

这样,物体的体积就可以通过将物体浸入已知密度的液体中,用测定其质量的方法来求得。在工程测量中,往往忽略空气浮力的影响。在此前提下进一步推导,可得用称量法测定物体密度时的原理公式

$$D = m_1 \frac{D_L}{m - m_2}$$

因此,只要测出有关量代入公式,就可计算出待测物体在温度 t 时的密度。

实验中的真密度测试是基于粉末密度瓶浸液法来测定的。其原理:将样品制成粉末,并将粉末浸入对其润湿而不溶解的浸液中,用抽真空或加热煮沸法排除气泡,求出粉末试样从已知容量的容器中排出已知密度的液体的质量,从而得到所测粉末的真密度。

3. 实验材料

天平,恒温干燥箱,240 目标准筛,游标卡尺,25 mL 容量瓶,研钵,干燥器,蒸馏水。

4. 实验步骤

4.1 体积密度试样

试样为 5 块 50 mm×50 mm×50 mm 的立方体。选择 1 kg 左右试样,将表面清扫干净,并粉碎到颗粒粒径小于 5 mm,以四分法缩分到 150 g,再用研钵研磨成粉末并通过 240 目标准筛,将粉样装到称量瓶中,放入(105±2)℃烘箱中干燥 4 h 以上,取出稍冷后,放入干燥器冷却到室温。

4.2 体积密度测定

将试样用刷子清扫干净放入(105±2)℃烘箱中干燥 2 h 取出,冷却到室温,称其质量 m_0,精确到 0.02 g。将试样放入室温的蒸馏水中,浸泡 48 h 后取出,擦去表面水分,并立即称其质量(m_1),精确到 0.02 g;接着把试样挂到网篮,将网篮和试样浸入室温的蒸馏水中,称量其在水中的质量(m_2),精确到 0.02 g。

密度测定:称取试样三份,每份 10 g(m'_0),将试样分别装到密度瓶中,并倒入蒸馏水,不超过密度瓶体积的一半,将密度瓶放入蒸馏水中煮沸 10~15 min,使试样中气泡排除,或将密度瓶放在真空干燥瓶中排除气泡。气泡排出后,擦干密度瓶,冷却到室温,用蒸馏水装满到标记处,称量质量(m'_2)。再将密度瓶冲洗干净,用蒸馏水装到标记处,并称量质量(m'_1),m'_0、m'_1、m'_2 均精确到 0.02 g。

4.3 实验分析与计算

4.3.1 体积密度

体积密度 ρ_b(g/cm³)按下式计算

$$\rho_b = \frac{\rho_w m_0}{m_1 - m_2}$$

式中:m_0——干燥试样在空气中的质量,g;

m_1——水饱和试样在空气中的质量,g;

m_2——水饱和试样在水中的质量,g;

ρ_w——实验时室温水的密度,g·cm⁻³。

4.3.2 密度

密度 ρ_t(g/cm³)按下式计算

$$\rho_t = \rho_w \frac{m'_0}{m'_1 + m'_0 - m'_2}$$

式中:m'_0——干粉试样在空气中的质量,g;

m'_1——只装蒸馏水的密度瓶的质量,g;

m'_2——装试样加水的密度瓶的质量,g;

ρ_w——实验时室温水的密度,g·cm⁻³。

4.3.3 孔隙率

根据测定的体积密度和密度,孔隙率 ρ_a 按下式计算

$$\rho_a = 1 - \frac{\rho_b}{\rho_t} \times 100\%$$

式中：ρ_b——试样的体积密度，$g \cdot cm^{-3}$。

ρ_t——试样的密度，$g \cdot cm^{-3}$。

4.3.4 吸水率

吸水率 W_a 按下式计算

$$W_a = 100\% \times \frac{m_1 - m_0}{m_0}$$

式中：m_0——干燥试样在空气中的质量，g；

m_1——水饱和试样在空气中的质量，g。

5. 实验数据与处理

根据上述实验，完成下列无机性质记录表 2-1。

表 2-1　固体废物基本无机性质参数测量结果

基本性质参数		1	2	3
体积密度	干燥试样在空气中的质量/g			
	水饱和试样在空气中的质量/g			
	水饱和试样在水中的质量/g			
	实验时室温水的密度/$(g \cdot cm^{-1})$			
密度	干粉试样在空气中的质量/g			
	水饱和试样在空气中的质量/g			
	装试样加水的密度瓶的质量/g			
孔隙率				
吸水率				

6. 思考题

（1）分别用实验测定值计算材料的体积密度、密度、吸水率和孔隙率。体积密度和密度保留三位有效数字，吸水率、孔隙率保留两位有效数字。

（2）计算体积密度、密度、孔隙率和吸水率的平均值、最小值和最大值。

实验二　固体废物样品的工业分析

1. 实验目的

固体废物样品工业分析参数是评定固体废物性质、选择处理处置方法、设计处理处置设备等的重要依据，也是科研、实际生产中经常需要测量的参数，因此，需要掌握它们的测定方法。

2. 实验原理

固体废物样品工业分析指的是样品中水分、灰分、挥发分及固定碳的总称。

2.1 水分

称取一定量的风干样品,置于105~110℃干燥箱内,于烘箱中干燥到质量恒定。根据样品的质量损失计算出水分的质量分数。

2.2 灰分

称取一定量的风干样品,放入马弗炉中,以一定的速度加热到(815±10)℃,灰化并灼烧到质量恒定。以残留物的质量占煤样质量的百分数作为煤样的灰分。

2.3 挥发分

称取一定量的风干样品,放在带盖的瓷坩埚中,在(900±10)℃下,隔绝空气加热7 min,以减少的质量占煤样质量的百分数减去该煤样的水分含量作为煤样的挥发分。

3. 实验材料

3.1 仪器

马弗炉、电子天平、鼓风干燥箱、灰皿、称量瓶、干燥器、坩埚、坩埚架。

3.2 材料

实验所用固体废物可根据实际情况选用人工配制的固体废物,也可以是实际产生的固体废物。

4. 实验步骤

4.1 水分

(1)在预先干燥并已称量过的称量瓶内称取粒度小于0.2 mm的风干样品(1±0.1)g,称准至0.0002 g,平摊在称量瓶中。

(2)打开称量瓶盖,放入预先鼓风并已加热到105~110℃的干燥箱中。在一直鼓风的条件下,干燥2 h。(注:预先鼓风是为了使温度均匀。将装有样品的称量瓶放入干燥箱前3~5 min就开始鼓风。)

(3)从干燥箱中取出称量瓶,立即盖上盖,放入干燥器中冷却至室温(约20 min)后称量。

(4)进行检查性干燥,每次30 min,直到连续两次干燥样品的质量减少不超过0.0010 g或质量增加时为止。在后一种情况下,采用质量增加前一次的质量为计算依据。水分在2.00%以下时,不必进行检查性干燥。

4.2 灰分

(1)在预先灼烧至质量恒定的灰皿中,称取粒度小于0.2 mm的风干样品(1±0.1)g,称准至0.0002 g,均匀地摊平在灰皿中,使其每平方厘米的质量不超过0.15 g。

（2）将灰皿送入炉温不超过 100 ℃的马弗炉恒温区中,关上炉门并使炉门留有 15 mm 左右的缝隙。在不少于 30 min 的时间内将炉温缓慢升至 500 ℃,并在此温度下保持 30 min。继续升温到(815±10)℃,并在此温度下灼烧 1 h。

（3）从炉中取出灰皿,放在耐热瓷板或石棉板上,在空气中冷却 5 min 左右,移入干燥器中冷却至室温(约 20 min)后称量。

（4）进行检查性灼烧,每次 20 min,直到连续两次灼烧后的质量变化不超过 0.0010 g 为止。以最后一次灼烧后的质量为计算依据。灰分低于 15.00% 时,不必进行检查性灼烧。

4.3 挥发分

（1）在预先于 900 ℃温度下灼烧至质量恒定的带盖瓷坩埚中,称取粒度小于 0.2 mm 的风干样品(1±0.01)g(称准至 0.0002 g),然后轻轻振动坩埚,使煤样摊平,盖上盖,放在坩埚架上。

（2）将马弗炉预先加热至 920 ℃左右。打开炉门,迅速将放有坩埚的架子送入恒温区,立即关上炉门并计时,准确加热 7 min。坩埚及架子放入后,要求炉温在 3 min 内恢复至(900±10)℃,此后保持在(900±10)℃,否则此次实验作废。加热时间包括温度恢复时间在内。

（3）从炉中取出坩埚,放在空气中冷却 5 min 左右,移入干燥器中冷却至室温(约 20 min)后称量。

5. 实验数据与处理

实验过程中测量的数据记录于表 2-2 中。

表 2-2　固体废物化学性质测定数据表

序号	测定参数	第一次	第二次	第三次	平均值	备注
1	水分/%					
2	灰分/%					
3	挥发分/%					
4	固定碳/%					

（1）风干固废样品中水分＝干燥后样品失去的重量/称重样品的重量×100%

$$M_{ad} = m_1/m \times 100\%$$

（2）风干固废样品中灰分＝灼烧后残留的质量/称重样品的重量×100%

$$A_{ad} = m_2/m \times 100\%$$

（3）风干固废样品中挥发分＝样品加热后减少的质量/称重样品的重量×100%－空气干燥煤样的水分

$$V_{ad} = m_3/m \times 100\% - M_{ad}$$

（4）固定碳的计算

$$FC_{ad} = 100\% - (M_{ad} + A_{ad} + V_{ad})$$

6.思考题

固体废物水分、灰分、挥发分和固定碳的关系是什么？

实验三　固体废物的压实与评价

1.实验目的

了解固体废物压实技术的原理和特点,掌握固体废物压实设备以及压实流程的有关原理和操作知识。

2.实验原理

压实又称压缩,其原理是通过机械外力加压于松散的固体物质上,缩小其体积,增大其容重,减少固体废物的孔隙率,将其中的空气挤压出来增加固体废物的聚集程度。压实是通过对其实行减容化达到降低运输成本、延长填埋场服务寿命等目的。常用下述指标来表示固体废物的压实程度。

2.1 空隙比与空隙率

(1)空隙比。

大多数固体废物都是由不同颗粒及颗粒之间充满气体的空隙共同构成的集合体。由于固体颗粒本身孔隙较大,而且许多固体物料有吸收能力和表面吸附能力,因此废物中水分子主要都存在于固体颗粒中,而非存在于孔隙中,且不占据体积。故固体废物的总体积(V_m)就等于包括水分在内的固体颗粒体积(V_s)与孔隙体积(V_v)之和。即

$$V_m = V_s + V_v$$

则废物的空隙比(e)可定义为

$$e = V_v/V_s$$

(2)空隙率。

用得最多的参数空隙率(ε),可以定义为

$$\varepsilon = V_v/V_m$$

空隙比或空隙率越低,则表明压实程度就越高,相应的容重就越大。

2.2 湿密度与干密度

忽略空气中的气体质量,固体废物的总质量(W_h)就等于固体物质质量(W_s)与水分质量(W_w)之和,即

$$W_h = W_s + W_w$$

(1)湿密度。

固体废物的湿密度可以由下式确定

$$D_w = W_h/V_m$$

(2)干密度。

固体废物的干密度可以由下式确定

$$D_d = W_s/V_m$$

2.3 压缩比

固体废物经压实处理后,体积减小的程度叫压缩比,可用固体废物压实前、后的体积之比来表示

$$r = V_i/V_f (r \leqslant 1)$$

式中:r——固体废物体积压缩比;

V_i——废物压缩前的原始体积;

V_f——废物压缩后的最终体积。

废物压缩比决定于废物的种类、性质及施加的压力等。一般压缩比为 3～5。同时采用破碎与压实技术可使压缩比增加到 5～10。在工程上,一般习惯用 r 来说明压实效果的好坏。

体积减少百分比用下式表示

$$R = [(V_i - V_f)/V_i] \times 100\%$$

式中:R——体积减少百分比,%;

V_i——压实前废物的体积,m^3;

V_f——压实后废物的体积,m^3。

3. 实验设备与流程

按固体废物种类不同,压实设备可分为金属类废物压实机和城市垃圾压实机两类。

3.1 金属类废物压实机

金属类废物压实机主要有三向联合式和回转式两种。

(1)三向联合式压实机。

图 2-1 是适合于压实松散金属废物的三向联合式压实机。它具有三个互相垂直的压头,金属等被置于容器单元内,而后依次启动 1、2、3 三个压头,逐渐使固体废物的空间体积缩小,密度增大,最终达到一定尺寸。压后尺寸一般在 200～1000 mm 之间。

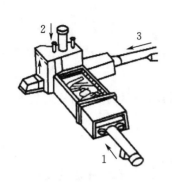

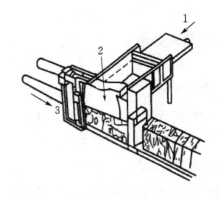

图 2-1　三向联合式压实机示意图　　　　图 2-2　回转式压实机示意图

（2）回转式压实机。

图 2-2 是回转式压实机的示意图。该压实机也具有三个压头，但作用方式与三向联合式不同，废物装入容器单元后，先按水平式压头 1 的方向压缩，然后按箭头的运动方向驱动旋转压头 2，最后按水平压头 3 的运动方向将废物压至一定尺寸排出。

3.2 城市垃圾压实机

（1）高层住宅垃圾压实机。

图 2-3 是高层住宅压实机的工作示意图，(a)为开始压缩，从滑道中落下的垃圾进入料斗。(b)为压臂全部缩回处于起始状态，垃圾充入压缩室内。压臂全部伸展，垃圾被压入容器中，如图(c)所示，垃圾不断充入，最后在容器中压实，将压实的垃圾装入袋内。

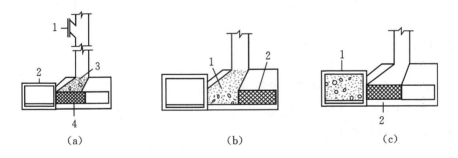

（a）　　　　　　　（b）　　　　　　　（c）

图 2-3　高层住宅压实机工作示意图

(a)1—垃圾投入口；2—容器；3—垃圾；4—压臂；(b)1—垃圾；2—压臂全部缩回；

(c)1—已压实的垃圾；2—压臂

（2）城市垃圾压实机。

城市垃圾压实机常采用与金属类废物压实机构造相似的三向联合式压实机及水平式压实机。其他装在垃圾收集车辆上的压实机、废纸包装机、塑料热压机等结构基本相似，原理相同。

4.实验步骤与数据处理

4.1 实验材料的准备

典型城市生活垃圾适量,工业垃圾适量,容器 2 个,实验材料质量、体积测量工具各 1 组,检查实验仪器的各工作部件运转是否正常。

4.2 实验过程操作并记录

根据仪器使用说明书,确定实验步骤,并对实验材料进行压缩前和压缩后的质量、体积和实验产物的质量进行详细的记录。

4.3 实验结果计算

根据实验过程的数据记录,对固体废物压缩前后的空隙率、湿密度、体积减少百分比、压缩比和压实倍数进行计算。

5.思考题

(1)详述压实的目的和原理及压实设备。

(2)提出实验改进意见与建议。

实验四 固体废物的破碎与评价

1.实验目的

(1)了解固体废物破碎设备和筛分设备。

(2)掌握破碎和筛分设备的使用过程。

(3)熟悉破碎和筛分的实验流程。

2.实验原理

固体废物的破碎是固体废物由大变小的过程,该过程利用外力克服固体废物质点间的内聚力而使大块固体废物分裂成小块。固体废物的筛分是根据产物粒度的不同,利用不同筛孔尺寸的筛子将物料中小于筛孔尺寸的细物粒透过筛面,大于筛孔尺寸的粗物粒留在筛面上,从而完成粗细颗粒分离的过程。

破碎产物的特性一般用粒度分布和破碎比来描述。表示颗粒大小的参数一般有粒径和粒度分布。粒径是表示颗粒大小的参数,常用筛径来表示。粒度分布表示固体颗粒群中不同粒径颗粒的含量分布情况。破碎过程中原废物粒度与破碎产物粒度的比值称为破碎比,常用废物破碎前的平均粒度(D_{cp})与破碎后的平均粒度(d_{cp})的比值来确定破碎比(i)。筛分完成后，本筛格存留的筛上颗粒质量为筛余量，这些颗粒粒度小于上筛格孔径大于本筛格孔径，本格筛余量的粒度取颗粒平均粒径。

3. 实验材料

破碎机；振筛机；方孔筛：规格 0.15 mm、0.3 mm、0.6 mm、1.18 mm、2.36 mm、4.75 mm 及 9.5 mm 的筛子各一个，并附有筛底和筛盖；实验样品若干；鼓风干燥箱；台式天平($d_{max}=15$ kg，$e=1$ g)；刷子。

4. 实验步骤

(1)称取样品不少于 600 g 在(105 ± 5)℃的温度下烘干至恒重。

(2)称取烘干后试样 500 g 左右，精确至 1 g。

(3)将实验颗粒倒入按孔径大小从上到下组合的套筛(附筛底)上。

(4)开启振筛机，对样品筛分 15 min。

(5)筛分后将不同孔径的筛子里的颗粒进行称重并记录数据。

(6)将称重后的颗粒混合，倒入颚式破碎机进行破碎。

(7)收集破碎后的全部物料。

(8)将破碎后的颗粒再次放入振筛机，重复步骤(3)、(4)、(5)。

(9)做好实验记录，收拾实验室，完成实验结果与分析。

5. 实验数据与处理

5.1 计算真实破碎比

真实破碎比＝废物破碎前的平均粒度(D_{cp})/破碎后的平均粒度(d_{cp})。

5.2 计算细度模数

$$M_x = \frac{(A_2 + A_3 + A_4 + A_5 + A_6) - 5A_1}{100 - A_1}$$

式中：M_x——细度模数；

A_1、A_2、A_3、A_4、A_5、A_6——分别为 4.75 mm、2.36 mm、1.18 mm、0.6 mm、0.3 mm、0.15 mm 筛的累积筛余量百分数。

细度模数是判断粒径粗细程度及类别的指标。细度模数越大，表示粒径越大。

5.3 实验数据处理

将实验原始数据记录于表 2-3 中。

表 2 - 3 实验原始数据记录表

破碎前总量：_____ 破碎后总量：_____

筛孔粒径 /mm	破碎前			破碎后		
	筛余量 /g	分计筛余量 /%	累积筛余量 /%	筛余量 /g	分计筛余量 /%	累积筛余量 /%
9.5						
4.75						
2.36						
1.18						
0.6						
0.3						
0.15						
筛底						
合计						
差量						
平均粒径						

(1)分计筛余量百分率:各号筛余量与试样总量之比,计算精确至 0.1%。

(2)累积筛余量百分率:各号筛的分计筛余量百分率加上该号以上各分级筛余量百分率之和,精确至 0.1%;筛分后,如每号筛的筛余量与筛底的剩余量之和同原试样质量之差超过 1% 时,应重新实验。平均粒径 d_{pj} 使用分计筛余量百分率 p_i 和对应粒径 d_i 计算: $d_{pj} = \sum_i^n p_i d_i$ 。

6.思考题

(1)固体废物进行破碎和筛分的目的是什么?

(2)不同的破碎机各有什么特点?

实验五　生活垃圾的风力分选

1.实验目的

(1)了解风力分选的原理、方法和影响风力分选的主要因素。

(2)确定风力分选的主要条件。

2.实验原理

风力分选是在分离分选设备中,以空气为分选介质,在气流作用下使固体废物颗粒按密度和力度进行分选的一种方法。目前,该方法已经被许多国家广泛地用在城市生活垃圾的分选中。分选又称气流分选,包括两个过程:一是分离出具有低密度、空气阻力大的轻质部分和具有高密度、空气阻力小的重质部分;二是进一步将轻颗粒从气流中分离出来。任何颗粒一旦与介质作相对运动,就会受到介质阻力的作用。在空气介质中,任何固体废物颗粒的密度均大于空气密度。因此任何固体废物颗粒在静止空气中都作向下的沉降运动,受到的空气阻力与它的运动方向相反。

为了提高分选效率,在分选之前需要先将废物进行分级或破碎使颗粒均匀,然后按密度差异进行分选。由于固体废物中大多数颗粒的颗粒密度差别不大,因此,它们的颗粒沉降末速度不会差别很大。为了扩大固体颗粒间颗粒沉降末速度的差异,提高不同颗粒的分离精度,分选常在运动气流中进行。在运动气流中,固体颗粒的沉降速度大小或方向会有所改变,从而使分离精度得到提高。可通过控制上升气流速度,控制不同密度固体颗粒的运动状态,使固体颗粒有的上浮,有的下沉,从而将这些不同密度的固体颗粒加以分离。另外结合控制水平气流速度,就可控制不同密度颗粒的沉降位置,从而最终分离不同密度的固体颗粒。

3. 实验材料

(1)卧式风力分选机 1 台。

(2)手筛子(规格 100 mm×40 mm),筛孔 80、50、20、10、5、3 mm 各一个。

(3)烘箱 1 台。

(4)台式天平(量程 10 kg)1 台。

(5)磅秤(量程 50 kg)1 台。

(6)铁面盆(ϕ50 mm)。

(7)铁铲。

4. 实验步骤

4.1 实验准备

(1)仔细检查分选机组连接是否正确。

(2)检查实验所需的仪器材料是否齐全。

4.2 实验过程

(1)将生活垃圾烘干后进行破碎,以保证分选的顺利进行。

(2)按筛孔 80、50、20、10、5、3 mm 筛分分级,保证物料粒度均匀。

(3)调整风力分选机的各种参数,使之能满足风力分选的需要。

(4)将破碎和筛分分级后的固体废物定量分别给入风机内,待固体废物中的各成分在风力的作用下沿着不同运动轨迹落入不同的收集槽中后,取出各收集槽内的固体废物分别称量。

(5)分析各收集槽中不同成分的含量。

(6)记录整理实验数据,并计算分选效率。

5. 实验数据与处理

固体废物的分选效率通常用回收率和纯度两个指标来评价。回收率是指从某种分选过程中排出的某种成分的质量与进入分选过程的这种成分的质量之比。纯度是指从某种分选过程中排出的某种成分的质量与该分选过程中排出物料的所有组分的质量之比。

(1)测定各产品各类成分的含量。

(2)计算固体废物分选后各产品的质量分数

$$产品的质量分数 = \frac{某产品的质量}{给入作业的质量} \times 100\%$$

(3)计算分选效率(回收率)

$$回收率 = \frac{某产品中某成分的质量}{某种成分的质量} \times 100\%$$

将实验数据和计算结果分别记录在表 2-4、表 2-5 中。

表 2-4　不同级别物料分选实验记录表

级别/mm	产品名称	质量/g	质量分数/%	品位/%	分布率/%
不分级材料	轻质组分 中重质组分 重质组分				
共计					
分级材料	轻质组分 中重质组分 重质组分				
共计					

表 2-5　不同气流流速风选实验记录表

气流速度/m·s⁻¹	产品名称	质量/g	质量分数/%	品位/%	分布率/%
不分级材料	重质组分 中重质组分 轻质组分				
共计					
分级材料	重质组分 中重质组分 轻质组分				
共计					

6.思考题

(1)分析风选的原理,并对风选设备进行分类。

(2)根据实验结果分析影响风力分选的主要因素。

第二节　固体废物预处理综合实验

实验六　板框压滤与污泥离心脱水性能测定

1.实验目的

(1)了解影响污泥脱水的主要因素;

(2)掌握污泥脱水的基本方法和相关操作。

2.实验原理

污水处理过程中,会产生大量的污泥,其数量占处理水量的 $0.3\%\sim0.5\%$(含水率为 97% 计)。污泥脱水是污泥减量化中最为经济的一种方法,是污泥处理工艺中的一个重要环节,其目的是去除污泥中的空隙水和毛细水,降低污泥的含水量,为污泥的最终处置创造条件。

2.1 污泥脱水性能的评价指标

污泥比阻和毛细吸水时间是被广泛用作衡量污泥脱水性能的两项指标。然而,这两项指标考虑的只是污泥的过滤性(有些污泥的过滤性虽很好,但却仍有大量的水残留在污泥中),因此,污泥脱水效果由其脱水速率和最终可脱水程度两方面决定,故还需考虑脱水后泥饼的含固率这项指标。为了直接反应污泥的离心性,可以用离心后上清液的体积和浊度这两个指标来衡量污泥的脱水性能,但这两个指标目前还没有标准的测试方法。

2.2 影响污泥脱水性的因素

影响污泥脱水性能的因素有很多,包括污泥水分的存在方式和污泥的絮体结构(粒径、密度和分形尺寸等)、ε 电势能、pH 值以及污泥来源等。污泥颗粒因富含水分,拥有巨大表面积和高度亲水性。结合水与固体颗粒之间存在着键结,活性较低,需借助机械力或化学反应才能除去。污泥粒径是衡量污泥脱水效果最重要的因素。一般来讲,细小污泥颗粒所占比例越大,脱水性能就越差。污泥密度是描述污泥质量与体积关系的参数。污泥密度有两种表达方式:一种为颗粒密度,用于描述单个颗粒的质量与体积之比;另一种容积密度(容重),用以描述污泥颗粒群体的质量与体积之比。其中,容积密度是指单位体积污泥的质量,由于压实和有机物的降解作用,因此沉积时间越长的污泥,致密度越高,容积密度越大。分形尺寸是絮体结构量化的表示,用以描述颗粒在团块中的集结方式,与粒径成正比关系。分形尺寸越大(最大值为3),絮体集结地越紧密,也就越容易脱水。污泥的 ε 电势越高,对脱水越不利。酸性条件下,污泥的表面性质会发生变化,其脱水性能也随之发生变化。研究发现,pH 值越低,则离心脱水的效率越高。对于过滤脱水,当 pH 值为 2.5 时,能得到含固率最高的泥饼。不同来源地的污泥,组成成分不同,脱水性能也不同。如:初沉污泥是主要由有机碎屑和无机物等组成的集合体;剩余污泥则是由多种微生物形成的菌胶团与其吸附的有机物和无机物等组成的集合体;活性污泥是由有机颗粒包括平均颗粒小于 0.1 μm 的胶体颗粒、0.1~100 μm 之间的超胶体颗粒及由胶体颗粒聚集的大颗粒等所组成的,所以阻值最大,脱水也困难。

2.3 污泥脱水处理新技术

通过添加改良剂,在降低污泥含水量的同时,提高污泥的其他性能,从而便于后期处理。添加矿化垃圾、粉煤灰和建筑垃圾等改性剂后,污泥含水率降低,抗压强度、抗剪强度、渗透性能、密实度和压缩性均有改善。改性剂对污泥臭味的改善作用,粉煤灰最好,矿化垃圾次之,建筑垃圾较差。要达到改性后污泥的臭度降低到三级及以下,所需添加的粉煤灰、矿化垃圾、建筑垃圾的最低比例分别为3:10、4:10 和 7:10。综合比较改性剂对污泥的抗压和抗剪强度、渗透性能、压缩性和臭度等工程性质的改善情况,以粉煤灰的效果最好,使用的最低比例最小,建筑垃圾次之,矿化垃圾最差。

3. 实验设备与材料

3.1 仪器

实验仪器主要包括:过滤脱水装置,为板框压滤模型机;离心脱水装置,可选择低速离心机;酸度计。

3.2 试剂

污泥取自污水处理厂的浓缩污泥调蓄罐。实验前测定污泥试样的 pH 值以及含水率。

酸处理药剂选用硫酸,配制成 10%(质量分数)待用,调 pH 所用的碱是氢氧化钠、氢氧化钙、氧化钙。氢氧化钠配制成 30%(质量分数)的溶液,氢氧化钙、氧化钙配制成 10%(质量分数)的溶液待用。有机絮凝剂为一种阳离子 PAM,离子度为 40%,相对分子质量为 800 万~900 万。

4. 实验步骤

4.1 污泥含水率测定

(1)准备称量瓶。

取一个称量瓶放入烘箱中,于 103~105 ℃烘半小时后,取出置于干燥器内冷却至室温,称其重量。反复烘干、冷却、称量,直至两次称量的重量差≤0.2 mg,记为 W_1。

(2)取样。

用量筒取 20 mL 体积的污泥,完全转移到称量瓶内,称重量,记为 W_2,则湿污泥的重量 = $W_2 - W_1$。

(3)烘干。

将称量瓶放入烘箱中,于 105 ℃烘 2 h 左右,再放在干燥器内 30 min,冷却至室温再称量,记录质量;再烘 2 h 再称量,直到称得的重量恒定,称为达到恒重 W_3(或者两次称量的重量差 $\leqslant 0.4$ mg)。水分重 $=W_2-W_3$。

$$污泥含水率 = \frac{W_2-W_3}{W_2-W_1} \times 100\%$$

4.2 板框压缩脱水实验

取浓缩污泥 3000 mL 于烧杯中,加定量的硫酸酸化,快速搅拌 30 s,慢速搅拌 2 min,酸化时间 5 min;为了防止对设备的腐蚀,再加碱(实验中可选用氢氧化钠、氢氧化钙或氧化钙)调 pH 值至 6;再加阳离子 PAM 使污泥形成矾花,酸化及絮凝反应均在烧杯中进行。将污泥倒入模型机的污泥储蓄罐中,手动搅拌,开始污泥进料,进料压力(7×10^5)Pa,空气使污泥进入板框;进料完毕后开始薄膜压榨(压力(7×10^5)Pa),压榨时间为 30 min。手动卸压,开启板框,取出泥饼,测定含水率。

4.3 离心脱水实验

将 100 mL 浓缩污泥加到 250 mL 烧杯中,预处理操作与板框压滤脱水实验中所述一致。经过预处理的污泥在 1500 r/min 下离心 2 min(离心速度和离心时间可根据实际情况做适当调整),倾倒上清液,取泥饼 5~10 g,测定其含固率。

对于离心脱水实验,用低转速 1800 r/min、短时间 2 min 离心后泥饼来评价离心脱水速率,用高速转 3800 r/min、长时间 30 min 离心后泥饼含固率评价可脱水程度,结果记录在表 2-6 中。

5. 实验数据与处理

5.1 板框压滤脱水实验确定脱水速率

分别对活性污泥进行处理,一组只加阳离子 PAM,另一组经硫酸酸化后加 PAM,压榨时间 10 min,比较泥饼的含水量以确定脱水速率。

5.2 酸处理对污泥离心脱水性能的影响

表 2-6　不同加药方案的脱水效果

加药方案	离心泥饼含水量/%	
	1500 r/min, 2 min	3800 r/min, 30 min
空白		
只加 PAM 0.5%		
酸 8.5%、NaOH 调 pH 值至 6.0, PAM 0.4%		
酸 8.5%、Ca(OH)$_2$ 调 pH 值至 6.0, PAM 0.4%		
酸 8.5%、CaO 调 pH 值至 6.0, PAM 0.4%		

加药方案	离心泥饼含水量/%	
	1500 r/min, 2 min	3800 r/min, 30 min
污泥特性		
污泥来源		
污泥 pH 值		
污泥容积密度		
酸 8.5%、最佳碱调 pH 值至 6.0, PAM 0.4%	含固率/%	

6. 思考题

(1)使用不同的碱进行 pH 值调节对结果会不会产生影响?

(2)离心机的使用要注意哪些重要操作规程?

实验七　洞道法测定污泥干燥性能

1. 实验目的

(1)了解洞道式干燥装置的基本结构、工艺流程和操作方法。

(2)掌握污泥干燥特性的测定方法。

(3)掌握干燥速率曲线以及恒速阶段干燥速率、临界含水量、平衡含水量的求取方法。

(4)了解温度、湿度、风速等参数对污泥干燥的影响。

2. 实验原理

在设计干燥器的尺寸或确定干燥器的生产能力时,被干燥物料在给定干燥条件下的干燥速率、临界湿含量和平衡湿含量等干燥特性数据是最基本的技术依据参数。由于实际生产中的被干燥物料的性质千变万化,因此对于大多数具体的被干燥物料而言,其干燥特性数据常常需要通过实验测定。

按干燥过程中空气状态参数是否变化,可将干燥过程分为恒定干燥条件操作和非恒定干燥条件操作两大类。若用大量空气干燥少量物料,则可以认为湿空气在干燥过程中温度、湿度均不变,再加上气流速度、与物料的接触方式不变,则称这种操作为恒定干燥条件下的干燥操作。

2.1 干燥速率的定义

干燥速率的定义为单位干燥面积(提供湿分汽化的面积)、单位时间内所除去的湿分质量。即

$$U = \frac{\mathrm{d}W}{A\mathrm{d}\tau} = -\frac{G_{\mathrm{C}}\mathrm{d}X}{A\mathrm{d}\tau} \tag{2-1}$$

式中：U——干燥速率，又称干燥通量，$kg/(m^2 \cdot s)$；

$\quad\;\; A$——干燥表面积，m^2；

$\quad\;\; W$——汽化的湿分量，kg；

$\quad\;\; \tau$——干燥时间，s；

$\quad\;\; G_{\mathrm{C}}$——绝干物料的质量，kg；

$\quad\;\; X$——物料湿含量，湿分(kg)/干物料(kg)，负号表示随干燥时间的增加而减少。

2.2 干燥速率的测定方法

将湿物料试样置于恒定空气流中进行干燥实验，随着干燥时间的延长，水分不断汽化，湿物料质量减少。若记录物料不同时间时的质量 G，直到物料质量不变为止，也就是物料在该条件下达到干燥极限为止，此时留在物料中的水分就是平衡水分 X。再将物料烘干后称重得到绝干物料重 G_{C}，则物料中瞬间含水率 X 为

$$X = \frac{G - G_{\mathrm{C}}}{G_{\mathrm{C}}} \tag{2-2}$$

计算出每一时刻的瞬间含水率 X，然后将 X 对干燥时间 τ 作图，如图 2-4 所示，即为干燥曲线。

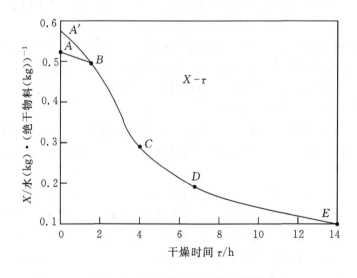

图 2-4　恒定干燥条件下的干燥曲线

上述干燥曲线还可以变换得到干燥速率曲线。由已测得的干燥曲线求出不同 X 下的斜率 $\dfrac{\mathrm{d}X}{\mathrm{d}\tau}$，再由式(2-1)计算得到干燥速率 U，将 U 对 X 作图，就是干燥速率曲线，如图 2-5 所示。

2.3 干燥过程分析

(1)预热段。如图 2-4、图 2-5 中的 AB 段或 $A'B$ 段。物料在预热段中，含水率略有下降，温度则升至湿球温度 t_{w}，干燥速率可能呈上升趋势变化，也可能呈下降趋势变化。预热段

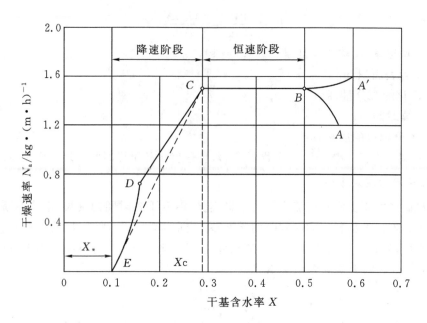

图 2-5　恒定干燥条件下的干燥速率曲线

经历的时间很短,通常在干燥计算中忽略不计,有些干燥过程甚至没有预热段。本实验中也没有预热段。

(2)恒速干燥阶段。如图 2-4、图 2-5 中的 BC 段。该段物料水分不断汽化,含水率不断下降。但由于这一阶段去除的是物料表面附着的非结合水分,水分去除的机理与纯水的相同,故在恒定干燥条件下,物料表面始终保持为湿球温度 t_w,传质推动力保持不变,因而干燥速率也不变。于是在图 2-5 中,BC 段为水平线。

只要物料表面保持足够湿润,物料的干燥过程中总有恒速阶段。而该段的干燥速率大小取决于物料表面水分的汽化速率,亦即决定于物料外部的空气干燥条件,故该阶段又称为表面汽化控制阶段。

(3)降速干燥阶段。随着干燥过程的进行,物料内部水分移动到表面的速度赶不上表面水分的汽化速率,物料表面局部出现"干区",尽管这时物料其余表面的平衡蒸汽压仍与纯水的饱和蒸汽压相同、传质推动力也仍为湿度差,但以物料全部外表面计算的干燥速率因"干区"的出现而降低,此时物料中的含水率称为临界含水率,用 X_c 表示,对应图 2-5 中的 C 点,称为临界点。过 C 点以后,干燥速率逐渐降低至 D 点,C 至 D 阶段称为降速第一阶段。

干燥到 D 点时,物料全部表面都成为干区,汽化面逐渐向物料内部移动,汽化所需的热量必须通过已被干燥的固体层才能传递到汽化面;从物料中汽化的水分也必须通过这层干燥层才能传递到空气主流中。干燥速率因热、质传递的途径加长而下降。此外,在 D 点以后,物料中的非结合水分已被除尽。接下去所汽化的是各种形式的结合水,因而,平衡蒸汽压将逐渐下降,传质推动力减小,干燥速率也随之较快降低,直至到达 E 点时,速率降为零。这一阶段称为降速第二阶段。

降速阶段干燥速率曲线的形状随物料内部的结构而异,不一定都呈现前面所述的曲线 CDE 形状。对于某些多孔性物料,可能降速两个阶段的界限不是很明显,曲线好像只有 CD

段;对于某些无孔性吸水物料,汽化只在表面进行,干燥速率取决于固体内部水分的扩散速率,故降速阶段只有类似 *DE* 段的曲线。

与恒速阶段相比,降速阶段从物料中除去的水分量相对少许多,但所需的干燥时间却长得多。总之,降速阶段的干燥速率取决于物料本身结构、形状和尺寸,而与干燥介质状况关系不大,故降速阶段又称物料内部迁移控制阶段。

3.实验材料

3.1 装置流程

本装置流程图如图 2-6 所示。空气由鼓风机送入电加热器,经加热后流入干燥室,加热干燥室中的湿物料后,经排出管道通入大气中。随着干燥过程的进行,物料失去的水分量由称重传感器转化为电信号,并显示在智能数显仪表上。

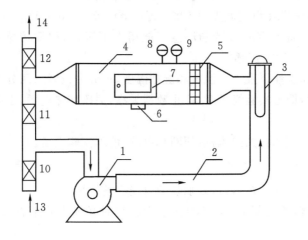

图 2-6 干燥装置流程图

1—鼓风机;2—管道;3—加热器;4—厢式干燥器;5—气流均布器;

6—称重传感器;7—玻璃视镜门;8—湿球温度计;9—干球温度计;

10、11、12—蝶阀;13—进风口;14—出风口

3.2 干燥物料及主要设备

干燥物料:污泥取自污水处理厂机械脱水后的脱水污泥,取回后污泥放置于 2 ℃ 冷藏柜保存。

主要设备:

(1)水分测定仪及配套样品盘;

(2)污泥干燥实验台,包括鼓风机:BYF7122,370 W;电加热器:额定功率 4.5 kW;干燥室:180 mm×180 mm×1250 mm;称重传感器:CZ1000 型,0～500 g,精度 0.1 g;

(3)污泥成型机。

4.实验步骤

4.1 污泥含水率测定

取 1~5 g 样品在已去除质量的水分测定仪配套料盘中涂布成 1 mm 厚薄膜,置于预调至 105 ℃的水分测定仪中干燥,直到持续 30 min 无质量变化时,结束干燥,读取含水率数值。重复以上操作,根据两次干燥含水率数值计算平均值及方差。

4.2 污泥干燥速率曲线的绘制

(1)开启洞道干燥设备总电源,开启风机电源。

(2)打开仪表电源开关,设定实验要求温度,加热器通电加热,旋转加热按钮至适当加热电压。在 U 型湿漏斗中加入一定水量,并用润湿的棉花包住湿球温度计,干燥室温度(干球温度)要求达到恒定温度(80 ℃、90 ℃),调整风机风量至实验需要值(1 m/s、3 m/s)。

(3)当干燥室温度恒定在设定温度时,将污泥(6 mm×100 mm、15 mm×16 mm)小心地放置于称重传感器上。放置污泥时应特别注意不能用力下压,因称重传感器的测量上限仅为 500 g,用力过大容易损坏称重传感器。

(4)记录时间、污泥重量以及干球温度和湿球温度,每分钟或者每两分钟记录一次数据。

(5)待污泥恒重时,即为实验终了时,停止数据采集,关闭加热电源,小心地取下干污泥,注意保护称重传感器。

(6)待干球温度降至室温,关闭风机,切断总电源,清理实验设备。

4.3 注意事项

(1)必须先开风机,后开加热器,否则加热管可能会被烧坏。

(2)特别注意传感器的负荷量仅为 500 g,放取污泥时必须十分小心,绝对不能下压,以免损坏称重传感器。

(3)实验过程中,不要拍打、碰扣装置面板,以免引起传感器晃动,影响结果。

5.实验数据与处理

(1)绘制干燥曲线(瞬间含水率-时间关系曲线)。
(2)根据干燥曲线作干燥速率曲线。
(3)读取物料的临界湿含量。
(4)对实验结果进行分析讨论。

6.思考题

(1)什么是恒定干燥条件?本实验装置中采用了哪些措施来保持干燥过程在恒定干燥条件下进行?

(2)控制恒速干燥阶段干燥速率的因素是什么?控制降速干燥阶段干燥速率的因素又是什么?

实验八　真空抽滤法测定污泥比阻

1. 实验目的

通过实验掌握污泥比阻的测定方法,掌握用布氏漏斗实验选择最佳混凝剂。

2. 实验原理

污泥比阻是表示污泥过滤特性的综合性指标,其物理意义:单位质量的污泥在一定压力下过滤时在单位过滤面积上的阻力。求此值的作用是比较不同污泥(或同一污泥加入不同量的混合剂后)的过滤性能。污泥比阻愈大,过滤性能愈差。

过滤时滤液体积 V(mL)与推动力 p(过滤时的压力,Pa)、过滤面积 F(cm^2)、过滤时间 t(s)成正比,而与过滤阻力 R(cm^2/mL)、滤液黏度 μ(Pa·s)成反比。

$$V = \frac{pFt}{\mu R} \tag{2-3}$$

过滤阻力由滤渣阻力 R_z 和过滤隔层阻力 R_g 构成。而阻力只随滤渣层的厚度增加而增大,过滤速度则减少。因此将式(2-1)改写成微分形式

$$\frac{\mathrm{d}V}{\mathrm{d}t} = \frac{pF}{\mu(R_z + R_g)} \tag{2-4}$$

由于 R_g 比 R_z 相对较小,为简化计算,姑且忽略不计。

$$\frac{\mathrm{d}V}{\mathrm{d}t} = \frac{pF}{\mu\alpha'\delta} = \frac{pF}{\mu\alpha\dfrac{C'V}{F}} \tag{2-5}$$

式中:α——单位体积污泥的比阻,s^2/g;

　　　δ——滤渣厚度,cm;

　　　C'——获得单位体积滤液所得的滤渣体积,cm^3。

如以滤渣干重代替滤渣体积,单位质量污泥的比阻代替单位体积污泥的比阻,则式(2-5)可改写为

$$\frac{\mathrm{d}V}{\mathrm{d}t} = \frac{pF^2}{\mu\alpha CV} \tag{2-6}$$

式中:α——污泥比阻,在 CGS 制中,其量纲为 s^2/g,在工程单位制中其量纲为 cm/g。在定压下,在积分界线由 0 到 t 及 0 到 V 内对式(2-6)积分,可得

$$\frac{t}{V} = \frac{\mu\alpha C}{2pF^2} \cdot V \tag{2-7}$$

式(2-7)说明在定压下过滤,t/V 与 V 成直线关系,其斜率为

$$b = \frac{t/V}{V} = \frac{\mu\alpha C}{2pF^2} \tag{2-8}$$

式中:$\alpha = \dfrac{2pF^2}{\mu} \cdot \dfrac{b}{C} = K\dfrac{b}{C}$

需要在实验条件下求出 b 及 C。

(1)b 的求法。可在定压下(真空度保持不变)通过测定一系列的 $t-V$ 数据,用图解法求斜率(见图 2-7)。

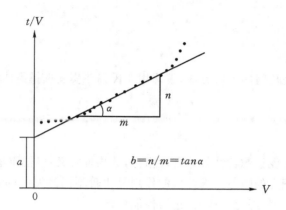

图 2-7 图解法求 b 示意图

(2)C 的求法。根据所设定义

$$C=\frac{(Q_0-Q_y)C_d}{Q_y}(滤饼干重(g)/滤液(mL))\qquad(2-9)$$

式中:Q_0——污泥量,mL;

$\quad\ Q_y$—— 滤液量,mL;

$\quad\ C_d$——滤饼固体浓度,g/mL。

根据液体平衡 $\qquad\qquad Q_0=Q_y+Q_d$

固体平衡 $\qquad\qquad Q_0C_0=Q_yC_y+Q_dC_d$

式中:C_0——污泥固体浓度,g/mL;

$\quad\ C_y$——滤液固体浓度,g/mL;

$\quad\ Q_d$——污泥固体滤饼量,mL。

可得 $Q_y=\dfrac{Q_0(C_0-C_d)}{C_y-C_d}$,代入式(2-9),化简后得

$$C=\frac{(Q_0-Q_y)C_d}{Q_y}(滤饼干重(g)/滤液(mL))\qquad(2-10)$$

上述求 C 值的方法,必须通过测量滤饼的厚度方可求得,但在实验过程中测量滤饼厚度是很困难的且不易量准,故改用测滤饼含水比的方法求 C 值。

$$C=\frac{1}{\dfrac{100-C_i}{C_i}-\dfrac{100-C_f}{C_f}}(滤饼干重(g)/滤液(mL))\qquad(2-11)$$

式中:C_i——100 g 污泥中的干污泥量,g;

$\quad\ C_f$——100 g 滤饼中的干污泥量,g。

例如,污泥含水比为 97.7%,滤饼含水率为 80%,则

$$C=\frac{1}{\dfrac{100-2.3}{2.3}-\dfrac{100-20}{20}}=\frac{1}{38.48}=0.0260(g/mL)$$

一般认为比阻在 $10^9\sim10^{10}\ s^2/g$ 的污泥算作难过滤的污泥,比阻在 $(0.5\sim0.9)\times10^9\ s^2/g$ 的

污泥算作中等,比阻小于 $0.4 \times 10^9 \, \text{s}^2/\text{g}$ 的污泥容易过滤。

3. 实验材料

3.1 仪器

污泥比阻装置(见图 2 - 8)、烘箱、布氏漏斗、量筒、秒表、滤纸、烧杯、温度计、移液管、镊子。

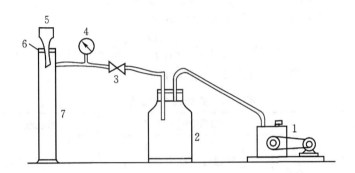

图 2 - 8　污泥比阻实验装置图

1—真空泵;2—吸滤瓶;3—真空调节阀;4—真空表;5—布式漏斗;6—吸滤垫;7—计量管

3.2 试剂

$10 \, \text{g/L FeCl}_3$,$10 \, \text{g/L Al}_2(\text{SO}_4)_3$。

4. 实验步骤

(1)测定污泥的含水率,求出其固体浓度 C_0。

(2)在布氏漏斗上放定量中速滤纸(ϕ120 mm),用蒸馏水润湿,确保边缘贴紧漏斗。

(3)开动真空泵,调节真空压力,大约比实验压力小 1/3(实验时真空压力采用 0.035 MPa)时,关掉真空泵,倒掉量筒内的抽滤水。

(4)加入 50 mL 需实验的污泥于布氏漏斗中,开动真空泵,调节真空压力至实验压力。

(5)达到此压力后,开始起动秒表,并记下开动时计量管内的滤液 V_0。每隔一定时间(5 s、10 s、30 s、60 s、120 s、240 s、300 s、400 s、500 s、600 s、1200 s)分别计量出滤液体积 V'。

(6)过滤至真空破坏,如真空长时间不破坏,则过滤 25 min 后即可停止。

(7)关闭真空泵,打开排空阀,使真空压力表归零,取下滤饼称量湿重。

(8)称量后的滤饼于 105 ℃ 的烘箱内烘干,称量干重。

(9)计算滤饼的含水比,求出单位体积滤液的固体量 C。

(10)量取加混凝剂的污泥 50 mL,按实验步骤(4)—(9)分别进行实验。

5. 实验数据与处理

(1)记录实验基本参数。

原污泥的含水率/% _____ 污泥固体浓度(湿泥)C_0/mg·L^{-1} _____

实验真空度/MPa _____ 滤液温度/℃ _____

原污泥滤饼含水率/% _____

加混凝剂①滤饼含水率/% _____ 加混凝剂②滤饼含水率/% _____

(2)根据测定的滤液温度 T(℃)计算动力黏滞度 μ

$$\mu(\text{Pa·S}) = \frac{0.0017g}{1 + 0.0337T + 0.000221T^2}$$

(3)将布氏漏斗实验所得数据按表 2-7 记录并计算。

表 2-7 布氏漏斗实验数据

原污泥			加混凝剂①的污泥			加混凝剂②的污泥		
t/s	计量管滤液量 V'/mL	滤液量 $V=V'-V_0$/mL	$\frac{t}{V}$/s·mL^{-1}	t/s	计量管滤液量 V'/mL	滤液量 $V=V'-V_0$/mL	$\frac{t}{V}$/s·mL^{-1}	t/s	计量管滤液量 V'/mL	滤液量 $V=V'-V_0$/mL	$\frac{t}{V}$/s·mL^{-1}
0				0				0			
5				5				5			
10				10				10			
30				30				30			
60				60				60			
120				120				120			
240				240				240			
300				300				300			
400				400				400			
500				500				500			
600				600				600			
1200				1200				1200			

(4)以 t/V 为纵坐标,V 为横坐标作图,求出 b。

(5)根据公式(2-11),由原污泥的含水率及滤饼的含水率,求出 C。

(6)根据公式(2-8),计算不同污泥的比阻值。

6. 注意事项

(1)检查计量管与布氏漏斗之间是否漏气。

（2）滤纸称量烘干，放到布氏漏斗内，要先用蒸馏水湿润，而后再用真空泵抽吸，滤纸要贴紧，确保密封性。

（3）污泥倒入布氏漏斗内时，有部分滤液流入计量筒，所以正常开始实验后记录量筒内滤液体积。

（4）在整个过滤过程中，真空度始终保持一致。

7. 思考题

测定污泥比阻在工程上有何实际意义？

实验九　生活垃圾制备复合板材

1. 实验目的

（1）掌握生活垃圾破碎、配伍、压板的基本原理。
（2）了解塑料破碎、配伍、压板的基本操作流程。

2. 实验原理

生活垃圾经破碎、风选和干燥处理后，就能够分离和回收许多有用材料。将垃圾出路难与充分利用垃圾中的资源相结合起来，通过适宜的垃圾破碎和分选技术，利用分选出来的难降解有机废物并添加适当的固化剂来制造板材。在我国一般城市的燃气居民区，生活垃圾的组成为 15%～25%厨余物；4%～10%纸张和橡胶制品；15%～25%布类、竹木、木头、树叶等纤维质有机物；1%～2%金属制品；3%～6%塑料；2%～7%玻璃品；10%～20%石头、砖瓦、土等。可见，垃圾中含有大量纸张、塑料等纤维类有机物，而这些物质正是生产复合板材的主要原料。

城市生活垃圾制板材的工艺流程如下所示：城市生活垃圾→破袋→机械人工分选→塑料、纸、布、碎木等→分类清洗消毒→破碎→（加粘合剂）高温、高压板压机→有机复合板材。

3. 实验材料

本实验中所用的生产复合板材的加压加热成套设备，由压机、烘箱、导轨以及一些传动装置组成。由于实验模具为全钢材加工而成，比较沉重，借助电动设备使其在导轨上移动，小车两头有挂钩，与钢绳连接，钢绳分别跨过固定在导轨两端的滑轮，再与电动机相连，可通过开关来控制小车向压机或烘箱移动。模具凸模要事先用大螺丝钉固定在压机的固定件上。当小车带着模具凹模移动至压机顶升机上合适的位置时，由顶升机将其顶升，与凸模合拢。

模具共有两个部件：凹模和凸模，两部件尺寸吻合，凹凸部分正好可以嵌合，制板材料就盛放在凹模内。凹模底板上的 9 个小孔称为取模孔，是用来在脱模时将复合板顶出模具的。为了在取模时让复合板受到的作用力均匀，避免局部施力过于集中导致脱模失败，取模孔应均匀排列，且每个小孔中均装有小垫柱，使脱模时板面受力更分散，脱模更有效。

4. 实验步骤

4.1 材料的准备

称取纸张、塑料、棉絮以及锯末,每种材料各取 1 kg,脲醛树脂粘合剂 0.4 kg。

4.2 材料的破碎

材料的颗粒大小将会直接影响到板材的质量,必须进行适当的破碎处理。利用强力破碎机分别将纸张、塑料与棉絮破碎至 3～5 mm。

4.3 材料的烘干

材料含水率是影响到最终产品质量的一个重要因素,且敏感度非常高。材料中如果所含水分偏高,将会使制得的板材在加热冷却后变形,板面发生翘曲,生成废品。因此该步骤是将破碎后的材料与锯末放入烘箱中加热 1 h 左右的时间,蒸发掉多余的水分。

4.4 材料的混合

将材料从烘箱中取出后即可进行混合。因为该工艺中塑料不仅是板材的一种成分,同时也将起到黏合物料的作用,故如不能将各种材料充分混合的话,势必会使板成分不均,从而影响到板的质量。

4.5 施胶与拌胶

在搅拌物料的同时将事先准备好的黏合剂掺混进去,进行拌胶。拌胶要充分,尽量使有限的胶分布到更多的物料表面,这样才能不至于有的物料表面黏合剂过多而有些物料表面黏合剂不够,影响到产品的质量。

4.6 装料并加压

将混合后的材料装入模具,将材料分布均匀,尽量使材料表面平整;然后用压缩机对其加压,压力控制在 10 atm(1atm＝1.01×10^5 Pa)左右,时间为 30 s 左右。在装料之前需要在模具底板上喷洒脱模剂,便于实验产品的脱模操作。脱模剂需喷洒均匀,否则会出现板子局部脱模难的现象,有的部位很容易脱模,而有的部位板子却会与模具粘连,破坏其表面。脱模剂用量不能太大,因为脱模剂受热后颜色会变深,附着在板子表面会使它变黑,影响美观。

4.7 加热

将凹模与凸模嵌合的整套模具放入烘箱加热,加热温度控制在 200 ℃,时间为 1 h。这段时间里,材料中的塑料受热熔融,将周围的纸张、棉絮与锯末颗粒粘连在一起。再次加压并保压将模具从烘箱中取出之后,用压机对其进行加压,压力为 10 atm,时间为 1 h。这次加压的目的是为了防止实验产品因温度骤降而引起变形。

4.8 脱模

脱模是通过对取模孔中的小垫柱施加外力,使其将板子顶出。脱模时需注意的是对小垫柱施力切忌过猛、过快,轮流轻顶 9 个小孔中的小垫柱,这样才不会使板子因局部受力过大而受损;板子在小垫柱的轻推下慢慢脱出模具。

4.9 板子修整

板子取出后用砂皮对其表面轻轻打磨,使其光滑、平整。因装料过程是人工操作的,板子的边缘必定凹凸不平,需裁平使其美观。

5.实验数据与处理

将制取的板材按照标准 GB/T4897—92(刨花板国家标准)进行性能测试,测试结果记录于表 2-8 中。

表 2-8　垃圾复合板材性能测试结果

检验项目		标准要求	检验结果
密度/g·cm^{-2}		0.5~0.85	
静曲强度/MPa		14.0	
内结合强度/MPa		0.30	
握螺钉力/N	垂直板面	1100	
	水平板面	700	
弹性模量/MPa		2.5×10³	
表面结合强度/MPa		0.90	

6.思考题

讨论物料破碎程度对板材性能的影响。

实验十　垃圾焚烧炉渣的综合利用

1.实验目的

本实验通过利用垃圾焚烧炉渣和废玻璃制彩道砖,以求达到了解炉渣的基本性质,掌握利用焚烧炉渣制造彩道砖的方法。

2.实验原理

垃圾焚烧炉渣主要由熔渣、玻璃、陶瓷、砖头和石块等物质组成,还含有一定量的塑料、金属物质和未完全燃烧的纸类、纤维、木头等有机物。炉渣主要含有中性成分(如硅酸盐和铝酸盐等,含量占 30%以上),且物理化学和工程性质与轻质的天然骨料(石英砂和黏土等)相似,因而是很好的建筑原材料。在国外被广泛应用于制砖等用途。

废玻璃主要来源于家庭生活垃圾及商业垃圾,此外来源于玻璃容器生产厂及拆除建筑物的废料。废玻璃的再生利用已引起人们的极大关注,废玻璃资源化利用的途径主要有生产玻璃制品、建筑材料和制作玻璃肥料等。将废玻璃用于建筑材料中是一个很好的处理废玻璃的方法,建材行业用废玻璃作为铺设沥青混合路面、混凝土路面的骨料。制造矿棉、轻骨料以及建筑面砖等各项研究工作正在进行。

3. 实验材料

利用废玻璃和灰渣制造彩道砖的设备主要包括：风冷自卸式电磁除铁器、悬臂筛网振动筛、液压制砖机、球磨机、破碎机和搅拌机。

4. 实验步骤

(1)废玻璃先分拣、清洗以去除杂质，粉碎至适当粒径大小。

(2)灰渣依次进行磁选、筛分和粉碎至适当粒径，然后将废玻璃、灰渣和硅酸盐水泥基固化剂等各种辅料按照一定配比进行混合，搅拌均匀成为主料。

(3)面料采用无机颜料与白色水泥及石英砂经研磨而成。

(4)将主料放入模具，加入的量与模具水平面等高。

(5)经液压机加压 10～11 MPa，成型，然后经液压泵工作，出模，成品。

(6)按照国家相应标准，对彩道砖成品进行强度、放射性和浸出毒性分析。

5. 实验数据与处理

(1)强度的测定。用垃圾焚烧炉渣和废玻璃制造出的彩道砖经质量检测，结果记录于表2-9中。

表 2-9 彩道砖的强度测定

不同配比		抗压强度/MPa		抗折强度/MPa	
		五块平均值	单块最小值	五块平均值	单块最小值
纯废玻璃砖					
纯灰渣砖					
废玻璃加灰渣砖					
非烧结黏土砖	15 级	≥15.0	≥10.0	≥2.5	≥1.5
	10 级	≥10.0	≥6.0	≥2.0	≥1.2
	7.5 级	≥7.7	≥4.5	≥1.5	≥0.9

(2)放射性分析。由于产品的原料是生活垃圾焚烧炉渣，环境安全性尤其敏感，因此对产品的放射性和有害物质进行检测，检测结果记录于表2-10中。

表 2 - 10　炉渣浸出砖的放射性测试

检验项目	A类装修材料的指标	结果	单项判定
比活度/Bq·kg⁻¹ 镭226 钍232 钾40	≤1.0 Ir≤1.3		
内照射指数	≤1		
外照射指数	≤1.3		

（3）浸出毒性。按照浸出毒性实验方法，将实验结果汇总于表2-11中。

表 2 - 11　炉渣砖浸出毒性测试

项目	浸出毒性鉴别标准(GB5085.3—1996)	检测结果
铅	3	
镉	0.3	
锌	50	
镍	10	
铬	10	
铜	50	

6.思考题

论述利用垃圾焚烧炉渣和废玻璃制备彩道砖的意义，并根据实验结果提出改进的建议。

本章参考文献

[1]宋立杰，赵天涛，赵由才.固体废物处理与资源化实验[M].北京:化学工业出版社，2008.
[2]边炳鑫，张鸿波，赵由才.固体废物预处理与分选技术[M].北京:化学工业出版社，2005.
[3]蒋建国.固体废物处置与资源化[M].北京:化学工业出版社，2013.
[4]陶明涛，张华.污泥水热处理技术及其工程应用[J].环境与发展，2012，25(3):211-214.
[5]房贻玲.固体废物的样品采集和制备方法探析[J].环境与生活，2014，12:58-59.
[6]王明杰，王素芳.固体废物的样品采集和制备方法研究[J].中国环境监测，1993(1):3-10.
[7]南素芳，贾月珠.污泥真空过滤脱水的实验研究[J].郑州大学学报，2003，35(3):83-88.
[8]郝春霞，赵玉柱，吴振宇.生活垃圾中固体废物破碎技术概述[J].绿色科技学报，2014，1(1):160-161.
[9]韦华嘉，韦洪滨，卢胜清，等.建筑固体废物再生砖生产中的破碎及级配工艺研究[J].大众科技，2015，185(17):58-60.
[10]李爱民，曲艳丽，陈满堂，等.污水污泥干燥特性的实验研究[J].燃烧科学与技术，2003，5(9):404-408.

第三章　固体废物的好氧堆肥实验

第一节　试样采集与性质分析基础实验

实验一　好氧堆肥生物处理固体废物样品的采集

1. 实验目的

采集固体废物样品，并根据测试需要制备样品，用于性质分析，为生物处理工艺设计和过程控制提供数据支持。

2. 实验原理

五点采样法采集不同类型的物料。五点采样法为点状取样法中常用的方法，即先确定对角线的中点作为中心抽样点，再在对角线上选择四个与中心样点距离相等的点作为取样点（见图 3-1）。

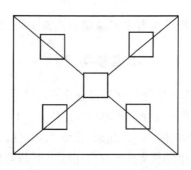

图 3-1　五点采样法示意图

3. 采集与制备

可采集校园食堂餐厨、畜禽养殖场的畜禽粪便，当地农村的秸秆及街道落叶以及生活垃圾等不同类型的固体废物。根据需要从这五点随机等量采集一定量的样品，混合均匀，标注样品编号、样品名称、采样地点、采样人、采样时间、质量等信息后密封于 4 ℃冰箱保存备用，此为固体废物鲜样。

将上述采集的固体废物鲜样破碎至粒径小于 15 mm 的细块（破碎后根据不同测试指标需

求进行筛分）。将试样置于干燥的瓷盘内，放入干燥箱中，在(105±5)℃下烘 4～8 h，取出放到干燥器中冷却 0.5 h 后称重，再重复烘 1～2 h，冷却 0.5 h 后再称重，直至恒重（2 次称重之差不超过试样质量的 0.5%），标注样品编号、样品名称、采样地点、采样人、制样人、采样和制样时间、质量等信息后密封于干燥器中保存备用，此为固体废物干样。

测试前将上述样品按四分法分样，即将样品充分混合后堆为一堆，从正中划"十"字，再将"十"字对角的两份分出来，再次混合均匀从正中划"十"字对角取样，直至所取样品质量达到测试所需计量，标注样品信息，以备测试。

4. 思考题

(1)请列举除了五点采样法以外的其他采样方法。

(2)试分析四分法分样的优势。

实验二　氨氮(NH_4^+—N)和硝态氮(NO_3^-—N)的测定

1. 实验目的

在堆肥过程中，微生物种群的演变恰好可以指示其腐熟的完整过程，氨化细菌与硝化细菌均是较为传统的分析对象。实践证明硝化细菌在堆肥初期会受到抑制，而到堆肥的初步腐熟阶段，其数量上升至峰值，同时活动也最为旺盛，即使在堆肥的最后仍然存在。

测定堆肥中氨氮(NH_4^+—N)和硝态氮(NO_3^-—N)的含量在一定程度上可以反映堆肥过程中硝化细菌与氨化细菌的演变过程，进而判断堆肥的腐熟程度。

2. 氨氮(NH_4^+—N)的测定

2.1 实验原理

采用纳氏试剂分光光度法测定 NH_4^+—N 。以游离态的氨或铵离子等形式存在的氨氮与纳氏试剂反应生成淡红棕色络合物，该络合物的吸光度与氨氮含量成正比，于波长 420 nm 处测量吸光度。

2.2 主要仪器

(1)可见分光光度计，具 20 mm 比色皿。

(2)氨氮蒸馏装置。

2.3 主要试剂

(1)无氨水。

(2)纳氏试剂(碘化汞-碘化钾-氢氧化钠(HgI_2 - KI - NaOH)溶液)：称取 16.0 g 氢氧化钠(NaOH)，溶于 50 mL 水中，冷却至室温。称取 7.0 g 碘化钾(KI)和 10.0 g 碘化汞(HgI_2)，溶于水中，然后将此溶液在搅拌下，缓慢加入到上述 50 mL 氢氧化钠溶液中，用水稀释至 100 mL。贮于聚乙烯瓶内,用橡皮塞或聚乙烯盖子盖紧,于暗处存放,有效期 1 年。

(3)酒石酸钾钠溶液:称取 50.0 g 酒石酸钾钠($KNaC_4H_4O_6 \cdot 4H_2O$)溶于 100 mL 水中,加热煮沸以驱除氨,充分冷却后稀释至 100 mL。

(4)氨氮标准贮备溶液(1000 μg/mL):称取 3.8190 g 氯化铵(NH_4Cl,优级纯,在 100~105 ℃干燥 2 h),溶于无氨水中,移入 1000 mL 容量瓶中,稀释至刻度,摇匀。该溶液可在 2~5 ℃保存 1 个月。

(5)氨氮标准工作溶液(10 μg/mL):吸取 10.00 mL 氨氮标准贮备溶液于 1000 mL 容量瓶内,用无氨水稀释至刻度,摇匀,临用前配制。

(6)硫代硫酸钠溶液(3.5 g/L):称取 3.5 g 硫代硫酸钠($Na_2S_2O_3$)溶于水中,稀释至 1000 mL。

(7)硫酸锌溶液(100 g/L):称取 10.0 g 硫酸锌($ZnSO_4 \cdot 7H_2O$)溶于水中,稀释至 100 mL。

(8)氢氧化钠溶液(250 g/L):称取 25 g 氢氧化钠(NaOH)溶于水中,稀释至 100 mL。

(9)氢氧化钠溶液(1 mol/L):称取 4 g 氢氧化钠(NaOH)溶于水中,稀释至 100 mL。

(10)盐酸溶液(1 mol/L):量取 8.5 mL 盐酸(HCL)于适量水中,稀释至 100 mL。

(11)硼酸溶液(20 g/L):称取 20 g 硼酸(H_3BO_3)溶于水,稀释至 1 L。

(12)溴百里酚蓝指示剂(0.5 g/L):称取 0.05 g 溴百里酚蓝溶于 50 mL 水中,加入 10 mL 无水乙醇,用水稀释至 100 mL。

(13)淀粉-碘化钾试纸:称取 1.5 g 可溶性淀粉于烧杯中,用少量水调成糊状,加入 200 mL 沸水,搅拌混匀放冷。加 0.50 g 碘化钾(KI)和 0.50 g 碳酸钠(Na_2CO_3),用水稀释至 250 mL。将滤纸条浸渍后,取出晾干,于棕色瓶中密封保存。

2.4 测定步骤

(1)样品预处理:取 5 g 堆肥鲜样,计算样品干质量,按固液比(g/mL)为 1:10 加入 2 mol/L KCl 溶液,以 200 r/min 振荡浸提 1 h,过 0.45 μm 滤膜,用于氨氮的测定。

(2)标准曲线的绘制。

(a)在 7 个 50 mL 比色管中,分别加入 0.00、0.50、1.00、3.00、5.00、7.00 和 10.00 mL 氨氮标准工作溶液,其所对应的氨氮含量分别为 0.00、5.00、10.00、30.00、50.00、70.00、100.00 μg,加水至标线。

(b)加入 1.0 mL 酒石酸钾钠溶液,摇匀,再加入纳氏试剂 1.0 mL,摇匀。

(c)放置 10 min 后,在波长 420 nm 下,用 20 mm 比色皿,以水作参比,测量吸光度。

(d)以空白校正后的吸光度为纵坐标,以其对应的氨氮含量(μg)为横坐标,绘制标准曲线。

(3)测样。取适量水样(使氨氮含量不超过 0.1 mg),加入 50 mL 比色管中,稀释至刻度。按与标准曲线相同的步骤测量吸光度。

(4)空白实验。用水代替水样,按与样品相同的步骤进行前处理和测定。

2.5 结果计算

由水样测得的吸光度,从标准曲线上查得氨氮含量(μg)

$$\text{氨氮}(N, mg/L) = \frac{m}{v}$$

式中：m——由标准曲线查得的氨氮量，μg；

$\quad\quad V$——水样体积，mL。

3. 硝态氮（$NO_3^- \text{—N}$）测定

3.1 实验原理

采用紫外分光光度法测定 $NO_3^- \text{—N}$。利用硝酸根离子在 220 nm 波长处的吸收而定量测定硝酸盐氮。溶解的有机物在 220 nm 处也会有吸收，而硝酸根离子在 275 nm 处没有吸收。因此，在 275 nm 处做另一次测量，以校正硝酸盐氮值。

3.2 主要仪器

(1)紫外分光光度计。

(2)离子交换柱（$\phi 1.4$ cm，装树脂高 5～8 cm）。

3.3 主要试剂

(1)氢氧化铝悬浮液：溶解 125 g 硫酸铝钾（$KAl(SO_4)_2$）或硫酸铝铵（$NH_4Al(SO_4)_2$）于 1000 mL 水中，加热至 60 ℃，在不断搅拌中，缓慢加入 55 mL 浓氨水，放置约 1 h 后，移入 1000 mL 量筒内，用水反复洗涤沉淀，最后至洗涤液中不含硝酸盐氮为止。澄清后，把上清液尽量全部倾出，只留稠的悬浮液，最后加入 100 mL 水，使用前应震荡摇匀。

(2)硫酸锌溶液：10% 硫酸锌（$ZnSO_4$）水溶液。

(3)氢氧化钠溶液：$c(NaOH)=5$ mol/L。

(4)大孔径中性树脂：CAD-40 或 XAD-2 型及类似性能的树脂。

(5)甲醇。

(6)盐酸：$c(HCl)=1$ mol/L。

(7)硝酸盐氮标准贮备液：称取 0.722 g 经 105～110 ℃ 干燥 2 h 的优级纯硝酸钾（KNO_3）溶于水，移入 1000 mL 容量瓶中，稀释至标线，加 2 mL 三氯甲烷（$CHCl_3$）作保存剂，混匀，至少可稳定 6 个月。该标准贮备液每毫升含 0.100 mg 硝酸盐氮。

(8)0.8% 氨基磺酸溶液：避光保存于冰箱中。

3.4 测定步骤

(1)取 5 g 堆肥鲜样，计算样品干质量，按固液比（g/mL）为 1∶10 加入 2 mol/L KCl 溶液，以 200 r/min 振荡浸提 1 h，过 0.45 μm 滤膜，用于硝态氮的测定。

(2)吸附柱的制备：新的大孔径中性树脂先用 200 mL 水分两次洗涤，用甲醇浸泡过夜，弃去甲醇，再用 40 mL 甲醇分两次洗涤，然后用新鲜去离子水洗到柱中流出液滴落于烧杯中无乳白色为止。树脂装入柱中时，树脂间绝不允许存在气泡。

(3)量取 200 mL 水样置于锥形瓶或烧杯中，加入 2 mL 硫酸锌（$ZnSO_4$）溶液，在搅拌下滴加氢氧化钠（$NaOH$）溶液，调至 pH 值为 7。或将 200 mL 水样调至 pH 值为 7 后，加 4 mL 氢氧化铝（$Al(OH)_3$）悬浮液。

(4)待絮凝胶团下沉后，或经离心分离，吸取 100 mL 上清液分两次洗涤吸附树脂柱，以每秒 1～2 滴的流速流出，各个样品间流速保持一致，弃去。再继续使水样上清液通过柱子，收集

50 mL 于比色管中,备测定用。

(5)树脂用 150 mL 水洗涤三次,备用。

(6)树脂吸附容量较大,可处理 50~100 个地表水水样,应视有机物含量而异。使用多次后,可用未接触过橡胶制品的新鲜去离子水作参比,在 220 nm 和 275 nm 波长处检验,测得吸光度应接近零。超过仪器允许误差时,需以甲醇再生。

(7)加 1.0 mL 盐酸溶液、0.1 mL 氨基磺酸溶液于比色管中,当亚硝酸盐氮低于 0.1 mg/L 时,可不加氨基磺酸溶液。

(8)用光程长 10 mm 石英比色皿,在 220 nm 和 275 nm 波长处,以经过树脂吸附的新鲜去离子水 50 mL 加 1 mL 盐酸溶液为参比,测量吸光度。

(9)标准曲线的绘制:于 5 个 200 mL 容量瓶中分别加入 0.50、1.00、2.00、3.00、4.00 mL 硝酸盐氮标准贮备液,用新鲜去离子水稀释至标线,其质量浓度分别为 0.25、0.50、1.00、1.50、2.00 mg/L 硝酸盐氮。按水样测定相同操作步骤测量吸光度。

3.5 结果计算

硝酸盐氮的含量按下式计算

$$A_{校} = A_{220} - 2A_{275}$$

式中:A_{220}——220 nm 波长测得的吸光度;

A_{275}——275 nm 波长测得的吸光度。

求得吸光度的校正值($A_{校}$)以后,从标准曲线中查得相应的硝酸盐氮量,即为水样测定结果(mg/L),水样若经稀释后测定,则结果应乘以稀释倍数。

4. 思考题

(1)固体废物中氨氮(NH_4^+—N)和硝态氮(NO_3^-—N)的含量如何反应固体废物中微生物的演变?

(2)硝化细菌在堆肥初期为何会受到抑制?

实验三　固体废物堆肥及腐熟度评价

1. 实验目的

本实验的目的就是进行固体废物堆肥,并评判堆肥产品的腐熟程度,为堆肥进程和产品应用提供技术指征。

2. 实验原理

在人工控制的条件下,依靠微生物代谢活动,将生物可降解的有机固体废物氧化分解,转化为稳定的腐殖质。堆肥物料腐熟后,将表现出相对稳定的物理、化学和生物性能,因此可采用包括物理、化学指标(如碳氮组分、阳离子代换量、腐殖化程度等)及生物学指标(如发芽指数、微生物种群数量等)进行堆肥腐熟度的评价。

3. 材料与方法

3.1 堆肥原料

鸡粪、猪粪、厨余、果蔬垃圾、生活垃圾等均可作为堆肥物料。进行初始物料性质分析,可根据堆肥对含水率和营养物质需求,通过计算按一定配比进行物料混合后,再开展堆肥实验。可用秸秆或落叶作为调节剂进行含水率和C/N的调节,一般控制初始含水率为70%左右,初始C/N在20~25之间,颗粒直径为1.5~3.0 cm。

3.2 堆肥过程

将堆料充分混匀后装入长×宽×高约为40 cm×30 cm×30 cm、壁厚约为4 cm的塑料泡沫盒内进行堆肥,每周进行1次人工翻堆,通风、透气,以保证供氧和堆料腐熟一致,每天测量堆肥温度,绘制温度随堆肥时间变化曲线,待温度经过高温期逐渐趋于稳定后停止堆肥,并从堆肥装置的上、中、下部采集样品,混匀(总量500 g),贮存于零下20 ℃冰箱备用。

3.3 分析指标及方法

(1)堆体温度。在塑料泡沫盒侧面开有通风孔,并在上中下位置插入温度计。每日上午10:00时,读取堆体各层温度,取平均值作为堆体温度。

(2)含水率、TOC、TN和氨氮的测定。方法详见第一章和本章第一节实验二。

(3)种子发芽指数(germination index,GI)。根据堆肥的腐熟程度可以把堆肥过程分为三个阶段:①抑制发芽阶段,一般在堆肥开始的1~13天,此时种子的发芽几乎被完全抑制;②GI指数迅速上升阶段,一般发生在堆肥后的26~65天,种子发芽指数GI=30%~50%;③GI指数缓慢上升至稳定阶段,当继续堆肥超过65天,GI指数可上升至90%。具体测试如下。

(a)主要仪器:滤纸、游标卡尺和培养皿。

(b)测定步骤。样品与蒸馏水按1:10比例充分混合,取10 mL滤液以3000 r/min离心10 min。吸取5 mL上清液于铺有滤纸的培养皿中,放置30粒种子,用蒸馏水作为对照,3个重复实验,30 ℃培养2 d,计算种子的发芽率,并用游标卡尺测量种子的根长。

(c)结果计算。

$$种子的发芽指数(GI) = (c_{处理} \cdot l_{处理})/(c_{对照} \cdot l_{对照}) \times 100\%$$

式中:c——种子发芽率;

l——根长,mm。

4. 数据记录与分析

4.1 物料属性

将物料性质测试结果记录于表3-1中。试分析各指标的检测意义与内在联系。

表 3－1　原始物料性质分析表

测试时间：　　年　月　日　　　　　测试地点：　　　　　　记录人：

序号	总有机碳	总氮	C/N	含水率
初始物料 1				
初始物料 2				
调理剂				
混合物料				

4.2 堆肥温度

将堆肥过程温度变化监测结果记录于表 3－2 中，并绘制温度（均值）随堆肥时间变化曲线。

表 3－2　堆肥温度记录表

测试时间：　　年　月　日　　　　　测试地点：　　　　　　记录人：

堆肥时间	堆肥温度			
	上层	中层	下层	均值
1 d				
2 d				
3 d				
…				

4.3 堆肥腐熟度评价

将堆肥产品腐熟度监测结果记录于表 3－3 中。

表 3－3　堆肥腐熟度评价表

测试时间：　　年　月　日　　　　　测试地点：　　　　　　记录人：

序号	$w(OM)$	$\rho(NH_4^+—N)$	GI	C/N	T
堆肥产品 1					
堆肥产品 2					
……					

注：1. $T=(C/N)_{终点}/(C/N)_{起点}$。

　2. 堆肥腐熟度受多方面因素影响，单个指标只能片面的反应堆肥情况，T 与 $w(OM)$、$\rho(NH_4^+—N)$、GI 之间通常具有相关关系。

　3. 具有量化标准的 T、$\rho(NH_4^+—N)$、GI 能准确、有效地判断堆肥腐熟情况，适用于工厂化堆肥腐熟度的评价。

5. 思考题

（1）试述种子发芽指数作为堆肥腐熟度评价指标的意义。

(2)T作为堆肥腐熟度指标的理论依据是什么？

(3)为什么堆肥过程中的众多评价参数间存在相关关系？

实验四　堆肥中不同形态重金属含量测试

1. 实验目的

重金属对环境的危害不仅决定于总量，更大程度上取决于其形态分布，因此监测堆肥中不同形态的重金属含量，可为其土地安全利用提供技术保障。

2. 实验原理

固体物中重金属以不同的化学形态存在，通过不同的化学药剂可以将固体废物中以不同形态存在的重金属（弱酸可提取态、可还原态、可氧化态和残渣态）分别提取测试。

3. 主要仪器与试剂

3.1 主要仪器

原子吸收光谱仪（如 ContrAA 700 型原子吸收光谱仪）或电感耦合等离子体原子发射光谱仪（如 Optima 5300DV 型光谱仪）。

3.2 主要试剂

(1) 0.11 mol/L 的 CH_3COOH：用移液管精确量取 6.3 mL 冰醋酸，用超纯水定容至 1000 mL。

(2)1.0 mol/L 的 HNO_3：用移液管精确量取 62.5 mL 浓硝酸，用超纯水定容至 1000 mL。

(3)2.0 mol/L 的 HNO_3：用移液管精确量取 125.0 mL 浓硝酸，用超纯水定容至 1000 mL。

(4)0.5 mol/L 的 $NH_2OH \cdot HCl$（pH＝1.5）：用天平精确称取 34.745 g $NH_2OH \cdot HCl$，用 900 mL 的超纯水完全溶解，此时用 2.0 mol/L 的硝酸溶液将 pH 值调节为 1.5，定容至 1000 mL。

(5)30％或 8.0 mol/L 的 H_2O_2：用浓硝酸将双氧水的 pH 值调节至 2～3。

(6)1.0 mol/L 的 CH_3COONH_4：用天平精确称取 77.089 g CH_3COONH_4，用 900 mL 超纯水完全溶解，用浓硝酸将 pH 值调节至 2 左右，定容至 1000 mL。

4. 实验步骤

(1)弱酸可提取态：准确量取 0.8 g 干重的样品置于 50 mL 聚乙烯离心管内，用移液管移取 32 mL 配制好的 0.11 mol/L 的 CH_3COOH，在 25 ℃下震荡 16 h，在转速 3000 r/min 的离心机内离心 20 min，将上清液小心地倒入 100 mL 烧杯中（尽量避免残渣损失）。向剩余残渣中加入 16 mL 超纯水进行洗涤,震荡 15 min,离心,再次将上清液小心地倒入 100 mL 烧杯中(尽量避免残渣损失)。将 100 mL 烧杯中的液体加热,蒸发至近干,此时加入 5 mL 1.0 mol/L 硝酸(HNO_3),定容至 25 mL 的容量瓶中,待测。将容量瓶中的残渣进行洗涤,洗涤步骤同上,倒掉上清液。

(2)可还原态:向已洗涤过离心管中的残渣加入配制好的 32 mL 0.5 mol/L 的 $NH_2OH \cdot HCl$,在 25 ℃下震荡 16 h,在转速 3000 r/min 的离心机内离心 20 min,将上清液小心地倒入 100 mL 烧杯中(尽量避免残渣损失)。向剩余残渣中加入 16 mL 超纯水进行洗涤,震荡 15 min,离心,再次将上清液小心地倒入 100 mL 烧杯中(尽量避免残渣损失)。将 100 mL 烧杯中的液体加热,蒸发至近干,此时加入 5 mL 1.0 mol/L 硝酸(HNO_3),定容至 25 mL 的容量瓶中,待测。将容量瓶中的残渣进行洗涤,洗涤步骤同上,倒掉上清液。

(3)可氧化态:向(2)中已洗涤过离心管中的残渣加入配制好的 8 mL 30% 或 8.0 mol/L 的 H_2O_2,在 25 ℃下消化 1 h,间歇性震荡使残渣与浸提剂充分混合,消化 1 h 后将温度升高至 (85±2) ℃,在恒温水浴条件下继续消化 1 h。消化完成后,将离心管冷却至室温,再次加入 8 mL 30% 或 8.0 mol/L 的 H_2O_2,在 25 ℃下消化 1 h,间歇性震荡使残渣与浸提剂充分混合,消化 1 h 后将温度升高至 (85±2) ℃,在恒温水浴条件下蒸发至小体积。加入 40 mL 1.0 mol/L 的 CH_3COONH_4,在 25 ℃下震荡 16 h,在转速 3000 r/min 的离心机内离心 20 min,将上清液小心地倒入 100 mL 烧杯中(尽量避免残渣损失)。向剩余残渣中加入 16 mL 超纯水进行洗涤,震荡 15 min,离心,再次将上清液小心地倒入 100 mL 烧杯中(尽量避免残渣损失)。将 100 mL 烧杯中的液体加热,蒸发至近干,此时加入 5 mL 1.0 mol/L 硝酸(HNO_3),定容至 25 mL 的容量瓶中,待测。将容量瓶中的残渣进行洗涤,洗涤步骤同上,倒掉上清液。

(4)残渣态:向(3)剩余的残渣中加入 5 mL 氢氟酸(HF)、5 mL 硝酸(HNO_3)、3 mL 高氯酸($HClO_4$),置于聚四氟乙烯坩埚中,在电热板上加热至近干后再次加入 3 mL 氢氟酸(HF)、3 mL 硝酸(HNO_3)、1 mL 高氯酸($HClO_4$)加热至近干,残渣用 5 mL 1 mol/L 的硝酸(HNO_3)溶解,最后定容至 25 mL 的容量瓶中,待测。

(5)采用原子吸法测定(如 Contr AA700 型原子吸收光谱仪)或采用电感耦合等离子体原子发射光谱法测定(如 Optima 5300DV 型光谱仪)浸提液中重金属含量。

5. 数据处理与分析

将堆肥的各形态重金属含量记录于表 3-4 中。分析堆肥的生态安全性。

表 3-4　堆肥物料中各形态重金属含量($mg \cdot kg^{-1}$)

测试时间:　　年　月　日　　　　　测试地点:　　　　　　　记录人:

重金属	可交换态重金属				还原态重金属				氧化态重金属				残渣态重金属			
	Cu	Cd	Pb	Zn	Cu	Cd	Pb	Zn	Cu	Cd	Pb	Zn	Cu	Cd	Pb	Zn
样品 1																
样品 2																
样品 3																

6.思考题

(1)土壤中不同形态的重金属离子存在的危害。
(2)提出控制土壤中重金属离子危害的可行性措施。

第二节　好氧堆肥工艺及过程探索综合实验

实验五　厨余垃圾的强制通风堆肥处理与过程监控实验

1.实验目的

好氧堆肥是处理厨余垃圾的有效手段,强制通风堆肥可加速好氧微生物对有机质的分解和转化。本实验的目的是让学生掌握强制通风堆肥的处理和过程监控方法。

2.实验原理

通过人工调控,强制通风,可以促进细菌、放线菌、真菌等微生物降解固体废物中的有机物向稳定的腐殖质转化。反应方程如下:

$$C_sH_tN_uO_v \cdot aH_2O + bO_2 \rightarrow C_wH_xN_yO_z \cdot cH_2O + dH_2O(气) + dH_2O(液) + fCO_2 + gNH_3 + 能量$$

通常堆肥成品 $C_wH_xN_yO_z \cdot cH_2O$ 与堆肥原料 $C_sH_tN_uO_v \cdot aH_2O$ 之比为 $0.3 \sim 0.5$(这是氧化分解减量化的结果)。通常堆肥产品分子式中 w、x、y、z 可取如下数值范围:$w = 5 \sim 10$,$x = 7 \sim 17$,$y = 1$,$z = 2 \sim 8$。

3.实验材料

3.1 初始物料

厨余垃圾可以取自校园食堂厨余垃圾收集容器。堆肥前采用人工破碎的方法,将厨余垃圾的粒径控制在 $2 \sim 5$ cm。并进行物料性质分析,分析指标包括含水率(%)、TOC(%)、TN(%)、pH、电导率、密度等。

3.2 实验装置

堆肥实验用装置为 50 L 密闭式反应器,通风方式采用间歇式,每 60 min 启动 1 次风机,每次鼓风 30 min,通风量按照每公斤物料 0.4 L/min 计。实验共 4~5 周,每周翻堆 1 次。反应器结构如图 3-2 所示。

3.3 过程监测

(1)过程样品采集与制备。

①分别在堆肥第 0、7、14、21、28、35 d 采集固体样本,分两部分保存。

②一部分新鲜样本用于测定含水率、发芽率指数,备用时 4 ℃储存。另一部分自然风干、粉碎后过 0.5 mm 筛,测定总有机碳、总氮含量。

(2)测试参数及方法。分析测试含水率、pH 值、电导率、TOC、TN 等指标(测试方法见第一章),并分析发芽率指数(测试方法见本章第一节实验三)。

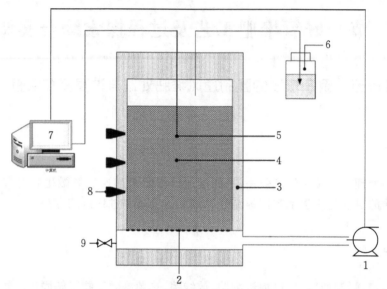

图 3-2　强制通风堆肥发酵装置

1—空气泵;2—筛板;3—绝热层;4—堆肥原料;5—温度传感器;
6—气体样采集口;7—自动化控制系统;8—固体样采集口;9—渗滤液收集口

4. 数据处理与分析

4.1 物料性质变化

堆肥物料的化学性质及腐熟度指标变化记录于表 3-5 中。

表 3-5　强制通风处理厨余垃圾的过程监控

测试时间：　　年　月　日　　　　　测试地点：　　　　　　　记录人：

堆肥时期	含水率/%	TOC/%	TN/%	C/N	GI/%	pH	电导率/mS·cm⁻¹	温度/℃
0 d								
7 d								
14 d								
21 d								
28 d								
35 d								

4.2 物料平衡分析

对堆肥过程的物料平衡可进行计算,数据整理于表 3-6 中。

表 3-6　堆肥过程中的物料平衡

测试时间：　　年　月　日　　　　测试地点：　　　　　　　记录人：

堆肥时期	干物质			水分		
	质量/kg	损失量/kg	损失率/%	质量/kg	损失量/kg	损失率/%
0 d						
7 d						
14 d						
21 d						
28 d						
35 d						

5.思考题

(1)根据实验结果,讨论餐厨垃圾用于堆肥的应用潜力。

(2)根据实验结果,试针对你所在校园某食堂餐厨垃圾排放量,设计强制通风处理反应器的容积。

(3)根据实验结果,请绘制餐厨垃圾强制通风处理工艺流程图,应包含预处理和后处理过程。

实验六　畜禽粪便和农业秸秆的机械翻堆堆肥与过程监控实验

1.实验目的

机械翻堆堆肥具有操作方法简便、经济和容易操控等优点,是适于农业废物处理的有效方法。本实验的目的是让学生掌握机械翻堆堆肥的处理和过程监控方法。

2.实验原理

秸秆和畜禽粪便为农业有机固体废物,农村地区不受土地面积限制,加之秸秆利于堆垛的特性,适于采用堆置的方式堆肥,通过定期人工机械翻堆,可促进氧气进入堆肥堆体,从而促进细菌、放线菌、真菌等微生物降解固体废物中的有机物向稳定的腐殖质转化。

3.样品制备与堆体设置

3.1 样品制备

以畜禽粪便和稻草为原料,畜禽粪便取自养殖场,可以是猪粪、牛粪或鸡粪。将稻草切成5～10 cm的小段,根据畜禽粪便和稻草的C/N,混合调节堆料初始C/N为30左右,加水调节堆料初始含水率为 65% 左右。

3.2 堆体设置

采用室内堆肥,设置堆体高约 1.3 m,直径约为 1.5 m,呈圆锥体,通风状况良好,实行人工翻堆供氧,每周翻堆 1 次。

3.3 实验过程样品的采集

分别在距堆顶 20、50、80 cm 处(上层、中层、下层)设置测温点。每层取 3 点,每天早上固定时间测温一次,以 3 点温度平均值作为该天堆体温度,同时记录周围环境温度。

根据堆体温度变化,分别在堆肥初始、升温期、高温前期、高温后期、降温期、堆肥结束 6 个阶段取样,分上、中、下层随机取样,分别距堆体顶端 30、60、100 cm 处分 5 点采集样品,取得的样品混合均匀,四分法保留 200 g,一部分新鲜样本用于测定含水率、发芽率指数,备用时 4 ℃ 储存。另一部分自然风干,粉碎后过 0.5 mm 筛,测定总有机碳、总氮含量。

3.4 过程参数监测

分析测试 pH 值、电导率、总氮、氨氮、硝态氮、TOC 等参数(方法详见第一章)及种子发芽率指数(方法详见本章第一节实验三)。

4. 数据处理与分析

4.1 物料性质变化

堆肥物料的化学性质及腐熟度指标变化可记录于表 3-7 中。分析不同堆肥时期物料属性发生了哪些变化,讨论引起这些变化的原理。

表 3-7 强制通风处理厨余垃圾的过程监控

测试时间: 年 月 日　　　　测试地点:　　　　　　　记录人:

堆肥时期	含水率/%	TOC/%	TN/%	C/N	GI/%	pH	电导率/mS·cm⁻¹	温度/℃
堆肥初始(0 d)								
升温期(1~3 d)								
高温前期(4~10 d)								
高温后期(11~20 d)								
降温期(21~29 d)								
堆肥结束(30 d)								

4.2 物料平衡分析

堆肥过程的物料平衡可进行计算,数据整理于表 3-8 中。

表 3-8　堆肥过程中的物料平衡

测试时间：　　年　月　日　　　　　　测试地点：　　　　　　　记录人：

堆肥时期	干物质			水分		
	质量/kg	损失量/kg	损失率/%	质量/kg	损失量/kg	损失率/%
升温期(1~3 d)						
高温前期(4~10 d)						
高温后期(11~20 d)						
降温期(21~29 d)						
堆肥结束(30 d)						

5.思考题

(1)根据实验结果,分析农业垃圾用于堆肥的发展潜力。

(2)请针对农业垃圾特点,给出采用机械翻堆堆肥处理的注意事项。

实验七　生物炭对堆肥重金属的钝化作用实验

1.实验目的

评估钝化材料的添加对降低堆肥产品中的重金属生物活性的作用,实验结果可为后续工艺及工艺参数的选择提供参考依据。

2.实验原理

有机固体废物中常伴有 Cu、Zn、As、Cr、Pb 等重金属污染物的存在。利用生物炭络合固定其中的重金属,使堆肥物料中重金属由具有生物活性的游离态、离子交换态转化为惰性的有机结合态,可降低其生物有效性,减小环境危害。

3.实验材料

3.1 堆肥装置

采用密闭圆筒状堆肥反应器(见图 3-3),反应器内径 40 cm,高 45 cm,容积约 55 L。采用鼓风机进行曝气供氧,通风量控制在 $0.1\ \mathrm{m^3/(min \cdot m^3)}$ 左右,反应器顶端中央布设温度采集装置。

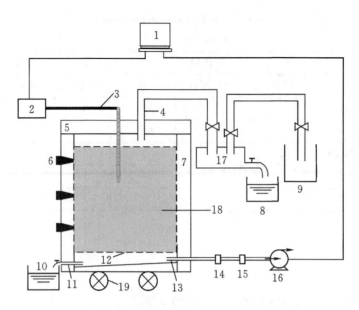

图 3 - 3 　强制通风静态垛堆肥反应器示意图

1—电脑;2—温度采集器;3—温度探头接口;4—尾气探头接口;5—盖子;6—取样口;
7—保温层;8—排水处;9—尾气处理;10—渗滤液收集;11—渗滤液排出口;12—筛板;
13—进气口;14—流量计;15—电磁阀;16—气泵;17—尾气收集;18—物料层;19—轮子

3.2 实验原料

鸡粪、猪粪、污泥等均可作为堆肥物料。堆肥前对物料进行预处理,可用秸秆或落叶作为调节剂进行含水率和 C/N 的调节,控制初始含水率为 70% 左右,初始 C/N 在 20~25 之间,颗粒直径为 2~5 cm。

可采用的生物炭钝化剂有木屑炭、秸秆炭、花生壳炭、草炭。钝化材料按堆肥原料干物质量的 2.5% 添加。

3.3 样品采集与分析测试

(1)样品采集。堆制期间,每天早晚记录堆体温度,根据绘制的温度随时间变化曲线,分别在堆肥开始、升温期、高温前期、高温后期、降温期、堆肥结束 6 个阶段监测堆肥过程中 pH 值和电导率的变化。堆肥结束后测定应用有机肥产品时的种子发芽率。堆肥前后采集固体样品 20 g,样品分成 2 份,一份新鲜样品用于测定 pH 值、电导率、GI 等指标,备用时 4 ℃ 储存。另一份自然风干,测定重金属 Cu、Zn、Pb、Cd 等总量及形态变化。上述各个指标的测定设置 3 次重复。

(2)温度、pH 值、电导率测试。温度采用温度计测试,pH 值和电导率测试方法见第一章。

(3)种子发芽率指数测试,方法见本章第一节实验三。

(4)不同形态重金属分析,方法见本章第三节实验一。

3.4 结果计算

重金属不同形态分配率为该形态重金属质量分数占重金属总的质量分数的比值,由对植物毒性最大的可交换态钝化效果检验重金属的钝化情况,分配率及钝化效果分别由下式计算

$$分配率＝\frac{不同形态该重金属质量分数}{该重金属总质量分数}\times100\%$$

$$可交换态钝化效果＝\frac{堆前分配率－堆后分配率}{堆前分配率}\times100\%$$

4. 数据处理与分析

4.1 重金属变化

不同钝化材料处理堆肥前后不同重金属的形态变化(Cu、Cd、Pb、Zn),实验记录如表3-9所示,不同重金属分别制表。

表3-9　不同钝化材料处理堆肥前后重金属(Cu、Cd、Pb、Zn)的形态变化

测试时间:　　年　月　日　　测试地点:　　　　　　　　　　记录人:

处理	取样时间	可交换态重金属			还原态重金属		氧化态重金属		残渣态重金属	
		质量分数 /mg·kg⁻¹	分配率 /%	钝化效果 /%	质量分数 /mg·kg⁻¹	分配率 /%	质量分数 /mg·kg⁻¹	分配率 /%	质量分数 /mg·kg⁻¹	分配率 /%
木屑炭	堆前									
	堆后									
秸秆炭	堆前									
	堆后									
花生壳炭	堆前									
	堆后									
草炭	堆前									
	堆后									

4.2 堆肥理化性质变化

分别以温度、pH值、电导率、发芽指数为纵坐标,时间为横坐标作散点图,分析实验结果。

5.思考题

(1)根据实验结果,分析生物炭对堆肥重金属的钝化作用、钝化效果如何?具体原理是什么?

(2)根据上述实验推测还有哪些添加剂可以推荐用于堆肥产品重金属的钝化?

实验八　含磷添加剂减排猪粪堆肥温室气体和氨气排放实验

1. 实验目的

高温好氧堆肥是处理可生物降解有机固废的有效途经之一,在全球范围内被广泛应用,但是堆肥过程中可释放温室气体 N_2O(约占堆肥总氮质量的 $0.2\%\sim6\%$)和 CH_4(约占堆肥总碳质量的 $0.8\%\sim6\%$),而 N_2O 和 CH_4 的 100 年温室效应分别是 CO_2 的 25 和 298 倍。此外,有机物降解伴随高温产生的大量氨挥发(占堆肥总氮质量的 $20\%\sim60\%$),导致堆肥产品氮素损失。本实验目的在于考察磷添加剂(如过磷酸钙)对减小堆肥过程中氨挥发损失的作用。

2. 实验材料及方法

2.1 实验原料

鸡粪、猪粪、厨余、污泥均可作为堆肥物料。堆肥前对物料进行预处理,可用秸秆或落叶作为调节剂进行含水率和 C/N 的调节,控制初始含水率为 70% 左右,初始 C/N 在 20~25 之间,颗粒直径为 2~5 cm。

含磷添加剂:过磷酸钙,P_2O_5 质量分数 $\geqslant18\%$。

2.2 实验方法

设 4 个不同过磷酸钙添加水平。即物质的量添加比例＝过磷酸钙中磷单质物质的量/物料总氮物质的量$\times100\%$,按磷计(5%、10%、15%、20%)。

2.3 分析测试方法

(1)温室气体和氨气。采用静态箱法采集气体样本,采样时间为上午 10:00,各目标气体每个监测日均采集 3 个平行样品,每次采样时长为 30 min,取采样时间内的浓度平均值作为当日单位时间排放通量。平均每 1~2 d 测定 1 次,其中每次翻堆当天翻堆前 2 h 和翻堆后第 1 天均进行气体样本采集。再用安装有火焰电离检测器(flameionization detector,FID)、电子捕获检测器(electroncapture detector,ECD)的气相色谱(如北京北分瑞利 SP-3420A)测定 CH_4 和 N_2O。氨气样本经大气采样器用质量分数 2% 的硼酸吸收,再用标准浓度的稀硫酸滴定。

(2)堆肥温度。采用温度计测定,温度采集点为堆体中心,采集时间为每天 23:00。

(3)堆肥固体的腐熟指标分析。堆肥固体样本分别在第 0、7、14、21、28、35、42、49、56 天堆肥物料充分翻堆混匀后至重新装仓填料前进行采集,以确保采样均匀。每份固体样本均分为两部分保存。新鲜样品用于测定含水率、pH 值、NH_4^+—N 、NO_3^-—N 、GI 等指标,备用时 4 ℃储存。另一部分自然风干,粉碎后过 0.5 mm 筛,测定 TOC 和 TN。各指标测定方法见第一章和本章第一节。

3. 数据处理与分析

3.1 物料腐熟度和碳氮损失

将堆肥性质测试实验数据记录于表 3-10 中。分析不同添加剂对堆肥属性的影响。

表 3-10 物料腐熟指标和碳氮损失

测试时间: 年 月 日　　　　测试地点:　　　　记录人:

处理	pH	GI	TN 损失率 /%	NH_4^+—N 损失率/%	NO_3^-—N 损失率/%	TOC 损失率/%	CH_4 损失率/%
对照							
S5							
S10							
S15							
S20							

注:碳氮损失为不同形式碳、氮损失均指相对于物料初始总碳、氮质量分数所占的比例。

3.2 N_2O、CH_4 和 NH_3 及其温室效应

将堆肥过程气体参数的测试结果记录于表 3-11 中,分析其温室效应。

表 3-11 N_2O、CH_4 和 NH^3 总温室效应($kg \cdot t^{-1}$)

测试时间: 年 月 日　　　　测试地点:　　　　记录人:

处理	N_2O	CH_4	NH_3	合计
对照				
S5				
S10				
S15				
S20				

注:对 N_2O、CH_4 和 NH_3 分别使用的全球变暖潜势为 CO_2 的 298、25 和 3.86 倍;kg/t 指每吨物料(以鲜基计)温室气体排放的二氧化碳当量。

4. 思考题

(1)过磷酸钙作为一种磷肥,能达到减少堆肥氨挥发和温室气体排放,并提高堆肥品质效果的具体原理是什么?

(2)根据上述原理推测还有哪些添加剂可以推荐使用?

本章参考文献

[1]李洋,席北斗,赵越,等.不同物料堆肥腐熟度评价指标的变化特性[J].环境科学研究,2014,27(6):623-627.

[2]史龙翔,谷洁,潘洪,等.复合菌剂提高果树枝条堆肥过程中酶活性[J].农业工程学报,2015,35(5):244-251.

[3]罗一鸣,李国学,Frank schuchardt,等.过磷酸钙添加剂对猪粪堆肥温室气体和氨气减排的作用[J].农业工程学报,2012,28(22):235-242.

[4]闫金龙,江韬,赵秀兰,等.含生物质炭城市污泥堆肥中溶解性有机质的光谱特征[J].中国环境科学,2014,34(2):459-465.

[5]赵晨阳,李洪枚,魏源送,等.翻堆频率对猪粪条垛堆肥过程温室气体和氨气排放的影响[J].环境科学,2014,35(2):533-540.

[6]崔东宇,何小松,席北斗,等.牛粪堆肥过程中水溶性有机物演化的光谱学研究[J].中国环境科学,2014,34(11):2897-2904.

[7]杨帆,欧阳喜辉,李国学,等.膨松剂对厨余垃圾堆肥 CH_4、N_2O 和 NH_3 排放的影响[J].农业工程学报,2013,29(18):226-233.

[8]刘佳,李婉,许修宏,等.接种纤维素降解菌对牛粪堆肥微生物群落的影响[J].环境科学,2011,32(10):3073-3081.

[9]候月卿,赵立欣,孟海波,等.生物炭和腐植酸类对猪粪堆肥重金属的钝化效果[J].农业工程学报,2014,30(11):205-215.

第四章　固体废物的厌氧消化实验

第一节　试样采集与性质分析基础实验

实验一　厌氧消化原料的采集与制备

1. 实验目的

为了更好地掌控有机固体废物的厌氧消化,需要对原料和消化过程物料进行有效采集,并根据测试需要制备样品,从而为厌氧消化处理工艺设计和过程控制提供数据参考。

2. 样品的采集与制备

采样工具:卷尺、样品袋、样品箱、手套、铁锹。

原料来源:厌氧消化原料可选取校园食堂餐厨、畜禽养殖场的畜禽粪便、当地农村的秸秆及落叶等不同类型的固体废物。

采集方法:校园食堂餐厨与畜禽养殖场的畜禽粪便类固体废物需要去除塑料、毛发等杂质;当地农村的秸秆和落叶等固废按照五点采样法采集物料。五点采样法为点状取样法中常用的方法,即先确定采样区域,然后以对角线的中点作为中心抽样点,再在对角线上选择四个与中心样点距离相等的点作为取样点(见图4-1)进行样品收集。根据所采样品总量需求以及不同的发酵工艺(考虑碳、氮、磷的比值或含水率等因素)将这三种类型的固体废物样品混合均匀备用(有些实验只选粪便类或秸秆类作为发酵原料),标注样品编号、样品名称、采样地点、采样人、采样时间、质量等信息后密封于4℃冰箱保存,此为鲜样。

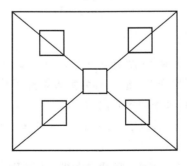

图4-1　五点采样法示意图

将上述采集的样品破碎至粒径小于15 mm的细块(破碎后根据不同测试指标需求进行筛

分）。将试样置于干燥的瓷盘内，放入干燥箱中，在(105±5)℃下烘4~8 h，取出放到干燥器中冷却0.5 h后称重，再重复烘1~2 h，冷却0.5 h后再称重，直至恒重(2次称重之差不超过试样质量的0.5%为止)，标注样品编号、样品名称、采样地点、采样人、制样人、采样和制样时间、质量等信息后密封于干燥器中保存，此为干样。

根据不同的测试指标，测试前将上述鲜样或干样按四分法分样，即将样品充分混合后堆为一堆(圆锥形为宜)，从正中划"十"字，将"十"字的对角两份分出来，剩余样品再次混合均匀堆为一堆(圆锥形为宜)，从正中划"十"字对角取样，直至所取样品质量达到测试所需质量，标注样品信息，鲜样于4℃冰箱中保存，干样置于干燥器中保存，以备测试。

3. 思考题

(1)请列举除了五点采样法以外的其他采样方法。

(2)试分析四分法分样的优势。

实验二　可挥发性脂肪酸(VFAs)的测定

1. 实验目的

可挥发性脂肪酸(valatile fat acids，VFAs)是有机质厌氧消化过程重要的中间代谢产物，如果VFAs在系统中积累，将导致消化系统的pH值降低，产甲烷菌活性受到抑制。因此VFAs是厌氧消化过程控制的重要监测指标，对反应器的稳定运行具有重要的指导意义。

2. VFAs 测试方法

采用气相色谱法测试固体废物样品的VFAs。

2.1 样品的预处理

取厌氧消化过程中产生的消化液20 mL，以4000 r/min离心20 min，取上清液经过0.45 μm的滤膜过滤得到滤液。取1.5 mL滤液置于离心管中，加入0.5 mL 3%的磷酸溶液，使样品的pH值在3.5以下。

2.2 气相色谱仪的参数设置

(1)采用毛细管色谱柱，载气为氮气，设定流速为0.81 mL·min^{-1}，进样口处温度为220℃，每次进样1.0 μL，分流进样，分流比为35；检测器为氢火焰离子化检测器(flame ionization detector，FID)，温度设定为250℃；柱箱采用程序升温，初始温度为85℃，保留1 min，以5℃·min^{-1}的速率升温至110℃，保留1 min，然后以15℃·min^{-1}升温至185℃，保留0.5 min。测完一个样品程序运行时间一共为12.5 min。

(2)采用氢火焰检测器(FID)进行检测，岛津自动进样器SIL-10ADvp进行进样。具体色谱分析条件：进样量1.0 μL；N$_2$为载气，流速25 mL·min^{-1}；色谱柱型号DB-WAXETR（30 m×1.0 μm×0.53 μm)；气化温度220℃；FID温度250℃；程序升温，80℃，1 min；以20℃·min^{-1}

速度升温至 110 ℃,停留 1 min;以 10 ℃ · min^{-1}升温至 180 ℃,1 min。

2.3 定性与定量分析

(1)定性分析 VFAs 可以根据各种酸出峰时间确定:分别将乙酸、丙酸、异丁酸、正丁酸、异戊酸和正戊酸等单种脂肪酸的标准溶液,用上述色谱条件进行测定,分别记下出峰时间,一般情况下六种挥发酸在该参数设置下的气相色谱仪中出峰时间依次为:乙酸(HAc,出峰时间(3.5 ± 0.2) s)、丙酸(HPr,(3.8 ± 0.2) s)、异丁酸(iso - HBu,(3.9 ± 0.2) s)、正丁酸(n - HBu,(4.2 ± 0.2) s)、异戊酸(iso - HVa,(4.5 ± 0.2) s)、正戊酸(n - HVa,(4.9 ± 0.2) s)。

(2)VFAs 采用外标法进行定量分析,六种有机酸采用混标法做标准曲线,即分别取色谱纯的乙酸、丙酸、异丁酸、正丁酸、异戊酸和正戊酸 953 μL、1007 μL、1055 μL、1045 μL、1080 μL、1065 μL 于 1000 mL 的容量瓶中,配制成六种酸的含量均为 1000 mg · L^{-1}的标准溶液。分别取 0.00 mL、0.50 mL、2.00 mL、4.00 mL、6.00 mL、8.00 mL、10.00 mL 的标准溶液于 100 mL 的容量瓶中,加去离子水稀释到刻度线,稀释后的浓度分别为 5.0 mg · L^{-1}、20.0 mg · L^{-1}、40.0 mg · L^{-1}、60.0 mg · L^{-1}、80.0 mg · L^{-1}、100.0 mg · L^{-1}。用上述色谱条件进行测定,记下不同浓度时六种酸对应出峰时间下的出峰面积,采用线性回归的方法分别绘制六种酸的浓度与峰面积的标准曲线,获得线性回归方程。

(3)样品的测定:采用上述色谱条件,取 1 μL 样品进行测量,记下六种酸对应出峰时间下的出峰面积,代入线性回归方程得出六种酸的含量,各种酸的加和即为 VFAs 的浓度。

3.思考题

(1)VFAs 在何种情况下可能出现积累?
(2)VFAs 积累后可采取哪些手段予以调节?

实验三　纤维素、半纤维素、木质素的测定

1.实验目的

纤维素(cellulose)是由葡萄糖组成的大分子多糖,是植物细胞壁的主要成分;半纤维素(hemicellulose)是由几种不同类型的单糖构成的异质多聚体,这些糖是五碳糖和六碳糖,包括木糖、阿伯糖、甘露糖和半乳糖等。它结合在纤维素微纤维的表面,并且相互连接,这些纤维构成了坚硬的细胞相互连接的网络;纤维素和半纤维素是厌氧消化过程主要的参与者。木质素(lignin)是有氧代苯丙醇或其衍生物结构单元的芳香性高聚物,形成纤维支架为秸秆类提供强度和硬度,包覆着纤维素和半纤维素,具有强化木质纤维的作用,难以被微生物降解,也限制了微生物对纤维素和半纤维素的利用。因此,在厌氧消化过程中,木质素的降解是纤维素和半纤维素高效水解的限速步骤,测定固体废物样品中木质素、纤维素和半纤维素是厌氧消化过程是否选择前处理工艺或者选择何种前处理工艺以及可以指示厌氧消化程度的重要参数。

2. 固体废物中半纤维含量的测定

2.1 实验原理

用沸腾的 80％硝酸钙溶液使固体废物中的淀粉溶解,同时将干扰测定半纤维素的溶于水的其他碳水化合物除掉。将沉淀用蒸馏水冲洗以后,加入较高浓度的盐酸共沸水解,水解得到糖溶液,稀释到一定体积,用氢氧化钠溶液中和,其中的总糖量用铜碘法测定。

铜碘法原理:半纤维素水解后生成的糖在碱性环境和加热的条件下将二价铜还原成一价铜,一价铜以 Cu_2O 的形式沉淀出来。用碘量法测定 Cu_2O 的量,从而计算出半纤维素的含量。

测定还原性糖的铜碱试剂中含有 KIO_3 和 KI,它们在酸性条件下会发生反应,不会干扰糖和铜离子的反应。加入酸以后,会发生反应释放出碘

$$KIO_3 + 5KI + 3H_2SO_4 = 3I_2 + 3K_2SO_4 + 3H_2O$$

加入草酸以后,碘与氧化亚铜发生反应

$$Cu_2O + I_2 + H_2C_2O_4 = CuC_2O_4 + CuI_2 + H_2O$$

过剩的碘用 $Na_2S_2O_3$ 溶液滴定

$$2Na_2S_2O_3 + I_2 = Na_2S_4O_6 + 2NaI$$

2.2 实验方法

2.2.1 实验试剂

80％硝酸钙溶液、2 mol/L 盐酸、酚酞指示剂、2 mol/L 氢氧化钠溶液、碱性铜试剂、草酸-硫酸混合液(优级纯溶液等体积混合)、0.5％淀粉、0.01 mol/L 硫代硫酸钠溶液(以上均为分析纯)。

配制碱性铜试剂:称取干燥的 Na_2CO_3 40 g,溶于 100 mL 蒸馏水中,溶解后再加入 7.5 g 酒石酸(若不易溶解可稍加热),冷却后移入 1000 mL 的容量瓶中。另取纯结晶 $CuSO_4$ 4.5 g 溶于 200 mL 蒸馏水中,溶解后再将此溶液倾倒入上述容量瓶内,加蒸馏水至 1000 mL,放置备用。

2.2.2 实验步骤

(1)称取过 80 目筛的固体干样 0.1～0.2 g,记为 n,装入小烧杯中,加入 15 mL 80％的硝酸钙溶液,盖好加热至沸腾,在慢慢沸腾的情况下继续加热 5 min。

(2)将上述生成的沉淀分别用 10 mL 热水洗涤沉淀三次,弃去上清液,保留沉淀,在沉淀中加入 10 mL 2 mol/L 的盐酸,搅匀,沸水浴中搅拌情况下微沸 45 min,冷却后沉淀,保留上清液。

(3)再将上述步骤沉淀的残渣用 10 mL 蒸馏水冲洗三次,冲洗后的水溶液合并在上清液中,加入 1 滴酚酞,用 2 mol/L 氢氧化钠溶液中和到显橙红色,转入 100 mL 的容量瓶,稀释到标线。

(4)用干燥滤纸过滤上述上清液到干燥烧杯中,移液管吸取 10 mL 滤液,加入 10mL 碱性铜试剂,盖好在沸水中煮 15 min。

(5)静置冷却后,加入 5 mL 草酸-硫酸混合液,再加入 0.5 mL 0.5％淀粉,用 0.01 mol/L 硫代硫酸钠溶液滴定至蓝色消失,此时用去硫代硫酸钠溶液 b mL。

（6）取 10 mL 碱性铜试剂，加 5 mL 草酸-硫酸混合液，再加 10 mL 滤液，加入 0.5 mL 0.5% 的淀粉，用 0.01 mol/L 硫代硫酸钠溶液滴定至蓝色消失，此时用去硫代硫酸钠溶液 a mL。

（7）按照下式即可计算出半纤维素在该固体样品中的百分比含量

$$x(\%) = \frac{[248-(a-b)](a-b) \times 0.9 \times 100}{10000 \times 10 \times n} \times 100\%$$

3. 固体废物中纤维素含量的测定

3.1 实验原理

固体试样在加热的情况下经过醋酸和硝酸的混合液处理后，细胞间的物质被溶解，纤维素也分解成单个的纤维，同时木质素、半纤维素和其他的物质也会被除去。淀粉、多缩戊糖和其他物质被水解。用水洗涤除去杂质以后，纤维素在 H_2SO_4 存在下被重铬酸钾氧化成 CO_2 和 H_2O，反应式如下

$$C_6H_{10}O_5 + 4K_2Cr_2O_7 + 16H_2SO_4 \longrightarrow 6CO_2 + 4Cr_2(SO_4)_3 + 4K_2SO_4 + 21H_2O$$

过剩的重铬酸钾用硫酸亚铁铵溶液滴定，再用硫酸亚铁铵滴定同量的但是未与纤维素反应的重铬酸钾，根据差值可以求得纤维素的含量。

3.2 实验方法

3.2.1 实验试剂

所需试剂：硝酸和醋酸的混合液（优级纯溶液等体积混合）；0.5 mol/L 重铬酸钾溶液；0.1 mol/L 硫酸亚铁铵溶液；浓硫酸；试亚铁灵指示剂。

试亚铁灵指示剂（1,10-菲绕啉）的配制方法：溶解 0.7 g 七水合硫酸亚铁（$FeSO_4 \cdot 7H_2O$）于 50 mL 的水中，加入 1.5 g 1,10-菲绕啉，搅动至溶解，加水稀释至 100 mL。

3.2.2 实验步骤

（1）配制测定所需的溶液，硫酸亚铁铵溶液在使用的一周内准备，并在使用当天测定其滴定度 K（mg/mL）。滴定度测试方法：用该硫酸亚铁铵溶液滴定 25 mL 0.5 mol/L 的重铬酸钾溶液，滴定由黄色经黄绿色至红褐色为终点，此时用去硫酸亚铁铵溶液的体积为 m（mL）；则滴定度 $K = 25 \times 0.1/m$（mg/mL）。

（2）称取过 80 目筛的固体干试样 0.05~0.06 g，所称取质量记为 n（g），装入离心管内，加入 5 mL 硝酸和醋酸的混合液，塞住离心管，在沸水中煮沸 25 min，并定期搅拌。

（3）离心后倒去上清液，加入蒸馏水离心洗涤沉淀，共洗三次，弃去洗涤液，剩余沉淀中加入 10 mL 0.5 mol/L 的重铬酸钾溶液和 8 mL 浓硫酸，搅匀，放入沸水中煮沸 10 min，并定期搅拌。

（4）静置冷却后，将上清液倒入锥形瓶中，用蒸馏水冲洗剩余沉淀三次，并于上清液中，再滴入 3 滴试亚铁灵试剂于锥形瓶，用 0.1 mol/L 的硫酸亚铁铵溶液滴定，滴定由黄色经黄绿色至红褐色为终点，此时用去硫酸亚铁铵溶液的体积为 b（mL）。

（5）用 0.1 mol/L 的硫酸亚铁铵溶液单独滴定加入 8 mL 浓硫酸和 10 mL 0.5 mol/L 重铬

酸钾溶液,滴定由黄色经黄绿色至红褐色为终点,此时用去硫酸亚铁铵溶液的体积为 a(mL)。

(6)按下式即可计算出纤维素在该固体样品中的百分比含量

$$x(\%) = \frac{K \times 0.675 \times (a-b)}{n} \times 100\%$$

4. 木质素的测定

4.1 实验原理

用 1% 的醋酸处理可分离出糖、有机酸和其他可溶性化合物。然后用丙酮处理,分离出叶绿素、拟脂、脂肪和其他脂溶性化合物。再将剩余沉淀用蒸馏水洗涤,在硫酸存在的条件下,用重铬酸钾氧化水解产物中的木质素,可发生如下的化学变化

$$C_{11}H_{12}O_4 + 8K_2Cr_2O_7 + 32H_2SO_4 = 11CO_2 + 8K_2SO_4 + 8Cr_2(SO_4)_3 + 38H_2O$$

过量的重铬酸钾用硫酸亚铁铵溶液滴定,方法和测定纤维素相同。

4.2 实验方法

4.2.1 实验用试剂

1% 醋酸;丙酮(优级纯);73% 硫酸;10% 氯化钡溶液;0.5 mol/L 重铬酸钾溶液;浓硫酸;0.1 mol/L 硫酸亚铁铵溶液;试亚铁灵指示剂。

试亚铁灵指示剂的配制方法:称取 1.485 g 邻菲罗啉($C_{12}H_8N_2 \cdot H_2O$)放入烧杯中,加水 30 mL,温热至完全溶解,称取 0.695 g 硫酸亚铁($FeSO_4 \cdot 7H_2O$)放入烧杯中加水溶解,移入邻菲罗啉溶液中混匀,用水稀释至 100 mL。

4.2.2 实验步骤

(1)标定新配的 0.1 mol/L 硫酸亚铁铵溶液,滴定度为 K mg/mL;滴定度测试方法:用该硫酸亚铁铵溶液滴定 25 mL 0.5 mol/L 的重铬酸钾溶液,滴定由黄色经黄绿色至红褐色为终点,此时用去硫酸亚铁铵溶液的体积为 m(mL),则滴定度 $K = 25 \times 0.1/m$(mg/mL)。

(2)称取过 80 目筛的干固体试样 0.05~0.1 g,所称量的质量记为 n(g),装入离心管,加入 10 mL 1% 醋酸,摇动 5 min 混匀。

(3)将上述溶液离心,弃去上清液,再用 5 mL 1% 的醋酸洗涤剩余沉淀,弃去洗涤液,剩余沉淀用 3~4 mL 丙酮洗涤,在摇荡的情况下浸泡 3 min,洗涤三次。

(4)用玻璃棒将沉淀沿管壁分散开后,将该离心管放入沸水中使剩余沉淀充分干燥,在干燥后的沉淀中加入 3 mL 的 73% 硫酸,用玻璃棒搅匀,挤压成均匀的浆液。

(5)将上述浆液在室温下放置一夜后,再加入 10 mL 蒸馏水,搅匀,置于沸水中 5 min。

(6)上述溶液冷却后,加入 0.5 mL 10% 氯化钡溶液,搅匀,离心,倒出上清液后,分别用 10 mL 蒸馏水冲洗沉淀两次。

(7)沉淀中加入 10 mL 0.5 mol/L 的重铬酸钾溶液和 8 mL 浓硫酸,放入沸水中,不时搅拌 15 min。

(8)冷却后将上清液倒入锥形瓶中,用蒸馏水冲洗剩余沉淀 3 次并把洗涤液归入盛有上清液的锥形瓶中,滴入 3 滴试亚铁灵试剂于锥形瓶中,用 0.1 mol/L 的硫酸亚铁铵溶液滴定,滴

定由黄色经黄绿色至红褐色为终点,此时用去硫酸亚铁铵溶液的体积为 $b(mL)$。

(9)用 0.1 mol/L 的硫酸亚铁铵溶液单独滴定加入 8 mL 浓硫酸的 10 mL 0.5 mol/L 重铬酸钾溶液,滴定由黄色经黄绿色至红褐色为终点,此时用去硫酸亚铁铵溶液的体积为 $a(mL)$。

(10)按下式即可计算出木质素在该固体样品中的百分比含量

$$x(\%) = \frac{K \times 0.433 \times (a-b)}{n} \times 100\%$$

5. 思考题

(1)还有哪些方法可以测定固体废物样品中半纤维素、纤维素和木质素的含量?

(2)固体废物中木质素百分比含量较高时会对厌氧消化过程产生什么不利影响?如何避免或降低这种影响?

实验四 固体废物样品中粗蛋白的测定

1. 实验目的

蛋白质是固体废物样品(尤其是餐厨垃圾和畜禽粪便类)中重要的物质之一,测定固体废物样品中粗蛋白的含量,对于初步评价固体废物的营养价值,合理利用其作为厌氧消化过程中的蛋白资源,指导经济核算及厌氧消化过程控制均具有极重要的意义。

2. 实验原理

采用凯氏定氮法测定固体废物样品中的粗蛋白。蛋白质是含氮的有机化合物。固体样品与硫酸和催化剂一同加热消化,使蛋白质分解,分解的氨与硫酸结合生成硫酸铵。然后,碱化蒸馏使氨游离,用硼酸吸收后再以硫酸或盐酸标准溶液滴定,根据酸的消耗量乘以换算系数,即为蛋白质含量。

3. 实验方法

3.1 化学试剂(所有试剂均用不含氨的蒸馏水配制)

(1)消化液:30%过氧化氢、硫酸与水的比例为 3∶2∶1,临用时配制。

(2)催化剂:硫酸铜($CuSO_4 \cdot 5H_2O$)与硫酸钾(K_2SO_4)以 1∶3 配比研磨混合。

(3)50%氢氧化钠溶液。

(4)2%硼酸溶液。

(5)标准盐酸溶液(约 0.01 mol/L)。

(6)混合指示剂(田氏指示剂):由 50 mL 0.1%甲烯蓝乙醇溶液与 200 mL 0.1%甲基红乙醇溶液混合配成,贮于棕色瓶中备用。这种指示剂遇酸时为紫红色,遇碱时为绿色,变色范围很窄且很灵敏。

3.2 安装微量凯氏定氮仪

装置说明:定氮仪由蒸汽发生器、反应室、冷凝管三部分组成。蒸汽发生器包括一个电炉及一个 3～5 L 容积的烧瓶。反应室上边有两个小烧杯,一个供加样,一个盛放碱液。样品和碱液由此可直接到反应室中。反应室中心有一长玻璃管,其上端通到反应室外层,下端靠近反应室的底部。反应室下端底部有一开口,上有橡皮管和管夹,由此放出反应废液。反应所产生的氮可通过反应室上端细管经冷凝管通入收集瓶中。反应室与冷凝管之间由橡皮管相连。安装仪器时,将蒸汽发生器垂直地固定在铁架台上,用橡皮管把蒸汽发生器、反应室、冷凝管连接起来。橡皮管连接的部位应在同一水平位置。冷凝管下端与实验台的距离以放得下收集瓶为准。安装完毕后,不得轻易移动,以免仪器损坏。要认真检查整个装置是否漏气,以保证所测结果的准确性。

3.3 实验步骤

3.3.1 样品处理

(1)随机取一定量研磨细的样品放入恒重的称量瓶中,置于 105 ℃的烘箱中干燥 4 h。

(2)用坩埚钳将称量瓶取出放入干燥器内,待降至室温后称重,随后继续干燥样品,每干燥 1 h,称重一次,恒重即可。

3.3.2 消化

(1)取 5 支消化管并编号,在 1、2、3 号各管中加入精确称取的干燥样品。注意:加样品时应直接送入管底,避免沾到管口和管颈上。

(2)加催化剂 0.5 g,混和消化液 3 mL,在 4、5 号管中各加相同量的催化剂和混合消化液作为对照,用以测定试剂中可能含有的微量含氮物质。

(3)摇匀后,将 5 支消化管放在通风厨内的远红外消煮炉上消化。先用小火加热煮沸,不久看到消化管内物质变黑,并产生大量泡沫,此时要特别注意,不能让黑色物质上升到消化管的颈部,否则将严重地影响样品测定结果。

(4)当混合物停止冒泡,蒸汽与二氧化碳也均匀地放出时,适当加强火力。

(5)在消化时,应使全部样品都浸泡在消化液中,如在瓶颈上发现有黑色颗粒,应小心地将消化液倾斜振摇,用消化液将它冲洗下来。通常消化需要 1～3 h(对于那些赖氨酸含量较高的样品需要更长的时间)。

(6)待消化液变成褐色后,为了加速消化完成,可将消化管取出,稍冷,加 30%过氧化氢溶液 1～2 滴于管底消化液中,再继续加热 0.5 h。

(7)消化完毕,取出消化管冷却至室温。

3.3.3 仪器的洗涤

仪器应先经一般洗涤,再经水蒸气洗涤。目的在于洗去冷凝管中可能残留的氨。对于处于使用状态的仪器(正在测定中的仪器)加样前使蒸汽通过 1～2 min 即可;对于较长时间未使用的仪器,必须用水蒸气洗涤到吸收蒸汽的硼酸指示剂混合液中指示剂的颜色合格为止。洗涤方法如下,取 2～3 个 100 mL 锥形瓶,加入 10 mL 2%硼酸、2 滴混合指示剂,用表面皿覆盖备用。现煮沸蒸汽发生器,其中盛有 2/3 体积的用几滴硫酸酸化过的蒸馏水,样品杯中也加入 2/3 体积蒸馏水进行水封。关闭夹子使蒸汽通过反应室中的插管进入反应室,再由冷凝管下端逸出。在冷凝管下端放一空烧杯以承受凝集水滴。这样用蒸汽洗涤 5 min 左右,在冷凝管下口放一个准备好的盛有硼酸指示剂的锥形瓶,位置倾斜,冷凝管下口应完全浸泡于液体内,继续用蒸汽洗涤 1~2 min,观察锥形瓶中的溶液是否基本上不变色,若不变色,则证明蒸馏器内部已洗涤干净。下移锥形瓶,使硼酸液面离开冷凝管口约 1 cm,继续通蒸汽 1 min。最后用蒸馏水冲洗冷凝管外口,排废开始。用右手轻提样品杯中棒状玻璃塞,使水流入反应室的同时,立即用左手关闭夹子,盖好玻璃塞。由于反应室外层中蒸汽冷缩、压力降低,反应室内废液通过反应室中插管自动抽到反应室外壳中,再在样品杯中加入 2/3 体积蒸馏水,如此反复三次即可排尽废液及洗涤液。打开夹子将反应室外壳中积存的废液排出,关闭夹子再使蒸汽通过全套蒸馏仪 1~3 min,可进行下一次蒸馏。

3.3.4 样品及空白样的蒸馏

(1)取 5 个 100 mL 锥形瓶,分别加入 2‰硼酸 10 mL,混合指示剂 2 滴,溶液呈紫红色,用表面皿覆盖备用。

(2)把消化管中的消化液全部转移到样品杯中,用约 2 mL 蒸馏水冲洗消化管,重复 3 次,把洗涤液都倒入样品杯中,打开样品杯的棒状玻璃塞,将样品放入反应室,用少量蒸馏水冲洗样品杯后也使之流入反应室,盖上玻璃塞,并在样品杯中加约 2/3 体积的蒸馏水进行水封。

(3)而后将装有硼酸指示剂的锥形瓶放在冷凝管口下方,打开存放碱液杯下端的夹子,放 10 mL 40‰氢氧化钠溶液于反应室后,立即上提锥形瓶,使冷凝管下口浸没在锥形瓶的液面下。

(4)反应液沸腾后,锥形瓶中的硼酸指示剂混合液由紫红色变为绿色,自变色时开始计时,蒸馏 3~5 min。移动锥形瓶,使硼酸液面离开约 1 cm,并用少量蒸馏水冲洗冷凝管下口外面,继续蒸馏 1 min,用少量蒸馏水冲洗冷凝管下端尖嘴,将锥形瓶取出,用表面皿覆盖以待滴定。

(5)排液和洗涤等操作与前面相同。排废洗涤后,可进行下一个样品的蒸馏(每一个样品要同时做三份,以求得准确结果)。

(6)待样品和空白消化液蒸馏完毕后,同时进行滴定。

3.3.5 滴定

全部蒸馏完毕后,用 0.001 mol/L 标准盐酸溶液滴定各锥形瓶中收集的氨量,直至硼酸指示剂混合液由绿色变回淡葡萄紫色,即为滴定终点,记录所耗 HCl 溶液量。

3.3.6 计算

$$样品的总氮含量(\%)=(A-B)\times0.001\times14.008\times100\%/1000\times C$$

式中:A——滴定样品用去的盐酸体积,mL;

B——滴定空白样用去的盐酸体积,mL;

C——称量样品的量,g;

0.001——盐酸的摩尔浓度,mol/L;

14.008——氮原子量。

3.4 注意事项

若样品中除有蛋白质外,尚有其他含氮物质,则样品蛋白质含量的测定要复杂一些。首先,需向样品中加入三氯乙酸,使其最终浓度为 5‰,然后测定未加入三氯乙酸的样品及加入三氯乙酸后样品的上清液中的含氮量,得出非蛋白氮量,从而计算出蛋白氮,再进一步折算出蛋白质含量。

$$蛋白氮＝总氮－非蛋白氮$$

$$粗蛋白质含量（\%）＝蛋白氮（\%）×6.25$$

式中：6.25——系数（1 mL 0.001 mol/L 盐酸相当于 0.14 mg 氮）。

4. 思考题

(1)测定固体样品中粗蛋白对于消化过程的控制有什么意义？

(2)粗蛋白含量较高或较低的固体样品如何影响厌氧消化过程？

实验五　产气潜力与气体组成分析实验

1. 实验目的

产气潜力分析和气体组成分析对于厌氧消化工艺储气罐的设计，沼气的净化、贮存及开发利用具有重要指导价值。

2. 产气潜力测试

采用排水法测定固体废物的产气潜力。按图 4-2 所示连接实验装置，可采用 2.5 L 的锥形瓶作为反应器和集气瓶，将反应器放置在恒温水浴锅中，以保证厌氧消化所需的温度，集气瓶密封。

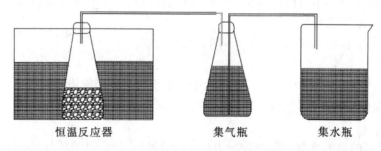

恒温反应器　　　集气瓶　　　集水瓶

图 4-2　固体废物厌氧发酵产气潜力实验装置

具体操作步骤如下。

(1)初始物料的配置：固体废物干样品和接种物按照体积比例为 4∶2 混合，配置成 TS 浓度约为 8% 的 1000 mL 料液，置于 2500 mL 锥形瓶中。

(2)将以上锥形瓶中通入氮气持续 10 min 后用锡箔纸密封，置于 35 ℃ 恒温水浴锅中，恒温条件下发酵，产生的气体则通过排气管进入集气瓶，集气瓶中为浓度为 5 mol/L 的 NaOH 吸收液，用于吸收发酵所产生的 CO_2 气体，随着产生气体量的增加，会将吸收液挤压到集水瓶中，根据集水瓶中收集的液体体积记录产气量（mL）。

(3)每日固定时间记录产气量（mL），并以时间（d）为横坐标，以日产气量（mL）为纵坐标绘制折线图。产气稳定后（大幅降低且趋于稳定）结束记录，计算单位干物质产气量，即累计产气量除以固体废物干样品的质量(mL/g)。

3. 产气成分(CH_4、CO_2、H_2、N_2)分析

3.1 实验原理

用不同百分含量的 CH_4、CO_2、H_2、N_2 标准气体,利用填充柱,在柱温为 170 ℃ 的条件下,得到 4 种气体的保留时间、标准曲线以及回归方程,采用气相色谱分析厌氧消化过程所产生的气体成分。

3.2 仪器与试剂

美国安捷伦公司气相色谱仪(Aligent 6890);集气袋(大连海德气体包装有限公司);带 TCD 检测器与色谱的工作站;色谱柱为 3 m×ϕ3 mm 不锈钢管柱,60~80 目 TDX-01 填料作固定相,采用的是恒定流量模式,前进样口,后检测器,出口为大气压,载气为氩气,柱前压 $P=$0.162 MPa,氩气甲烷流量为 39.2 mL/min;柱箱温度设定为 170 ℃,柱箱配置最高温度为260 ℃,桥流为 70 mV,平衡时间为 2 min;进样口为隔热吹扫填充进样口,总流量为 40.1 mL/min;TCD 检测器加热器温度为 220 ℃;参比流量 55.2 mL/min;尾气吹(N_2)流量为 2.5 mL/min。

采用六通伐定量进样器,每次进样定量体积为 10 μL,不同气体在色谱柱中的保留时间不同(采用标准气体绘制保留时间以比对),从而定性分析气体的成分;购买不同梯度百分含量的标准气体,采用线性回归对不同气体进行定量。标准气体的梯度百分含量如表 4-1 所示。

表 4-1 标准气体的梯度百分比

梯度	H_2/%	N_2/%	CH_4/%	CO_2/%
1	15.0	15.0	60.3	9.7
2	30.7	20.0	29.0	20.3
3	10.7	39.7	10.3	39.3
4	25.6	5.0	39.4	30.0
5	50.0	10.0	80.2	4.8

3.3 数据处理与分析

用集气袋收集厌氧消化过程中所产生的顶空气体,用微量进样器抽取 10 μL 收集的气体注入气相色谱仪的进样口,标准气体和待测样品在同样的测试参数中完成。根据不同气体在该色谱程序下的出峰位置判断气体类型;以峰面积或峰高与标准气体的浓度梯度作图,将待测气体样品的出峰峰高或峰面积在该图上对应定量。

4. 思考题

(1)试分析沼气的能源再利用潜力。

(2)试分析为什么沼气需要净化后方能再利用?

实验六　厌氧消化污泥中的重金属形态分析

1. 实验目的

重金属对环境的危害不仅决定于其总量,更大程度上取决于其形态分布,因此监测厌氧消化污泥中不同形态的重金属含量,可为含有污泥的土地安全利用提供技术保障。

2. 实验原理

固体废物中重金属以不同的化学形态存在,吸附在颗粒物上的重金属可在水相中吸附和解吸,称之为可交换态;与颗粒物中碳酸盐结合或本身就成为碳酸盐沉淀的重金属称之为碳酸盐结合态;与铁锰氧化物结合或本身就成为氢氧化物沉淀的重金属称为铁锰氧化物结合态;重金属硫化物沉淀及与各种形态有机质结合的重金属称之为硫化物及有机结合态;存在于石英、粘土矿物等晶格里的重金属称之为残渣态。不同形态的重金属可以通过不同化学药剂分别提取测试。

3. 实验材料与方法

3.1 实验材料

可采用市政污水处理厂消化污泥残渣作为分析试样,取样量约为 3 kg,烘干磨碎,过 150 目筛备检测。

化学试剂主要有:$MgCl_2$、$NaAc$、HAc、NH_4OH、HCl、HNO_3、H_2O_2、NH_4Ac 和超纯水等。实验中所用试剂均为分析纯,实验用水为超纯水。

3.2 实验设备

重金属化学形态的分离及测定所用到的主要设备:恒磁力搅拌器、电子恒温水浴锅、回旋式水浴恒温振荡器、电子可控沉淀器、精密 pH 仪以及等离子发射光谱仪。

3.3 实验方法

采用 Tessier 等提出的连续提取法,所用到的离心管均需用稀硝酸润洗,具体的提取步骤如下。

(1)水溶态。取 2.0 g 污泥样品,加入 20 mL 去离子水,室温振荡 30 min,离心分离,取上清液待测,同时做空白测定。

(2)可交换态。步骤(1)完成后的污泥样,加入 16.0 mL 1 mol·L^{-1} 的 $MgCl_2$(pH=7),室温振荡 3 h,离心分离,用 6 mL 去离子水洗涤,离心液和洗涤液一并归入 25 mL 容量瓶,2% 硝酸定容至刻度,过滤后滤液待测,同时做空白测定。

(3)碳酸盐结合态。步骤(2)完成后的污泥样,加入 16.0 mL 1 mol·L^{-1} NaAc(用 HAc 调 pH 值为 5.0),室温振荡 3 h,离心,用 6 mL 去离子水洗涤,离心液和洗涤液一并归入 25 mL 容量瓶中,用去离子水定容至刻度,过滤后滤液待测,同时做空白测定。

(4)铁锰氧化物结合态。步骤(3)完成后的污泥样,加入16.0 mL 0.04 mol·L⁻¹ NH₄OH·HCl 的25%HAc溶液(25%HAc作底液),96 ℃水浴加热6 h,离心,用6.0 mL去离子水洗涤,离心液和洗涤液一并归入25 mL容量瓶中,2%HNO₃定容至刻度,过滤后滤液待测,同时做空白测定。

(5)硫化态及有机结合态。步骤(4)完成后的污泥样,加入6.0 mL 0.04 mol·L的HNO₃,并分2~3次加入10.0 mL 30%H₂O₂,85 ℃水浴反应3 h,加入5.0 mL 3.2 mol·L⁻¹ NH₄Ac(20%硝酸)溶液浸提30 min,离心,用4.0 mL去离了水洗涤,离心液和洗涤液一并归入25 mL容量瓶,2%硝酸定容,过滤后滤液待测,同时做空白测定。

(6)残渣态。重金属总量减去其他各态含量,剩余部分即为残渣态含量。

采用电感耦合等离子发射光谱仪(ICP - OES)测定各形态Cu、Zn、Ni、Cr含量。

4.数据处理与分析

将上述分析消化污泥中各形态的Cu、Zn、Ni、Cr含量测试结果记录于表4-2中。

表4-2　消化污泥中各形态的Cu、Zn、Ni、Cr含量(mg·kg⁻¹)

测试时间:　　年　月　日　　　　测试地点:　　　　　　记录人:

分析项目	污泥			
	Cu	Zn	Ni	Cr
水溶态				
可交换态				
碳酸盐结合态				
铁锰氧化物结合态				
硫化态及有机结合态				
残渣态				
总计全量				
总量				
回收率/%				

5.思考题

(1)试讨论各形态重金属之间的转换关系,不同形态重金属的生物有效性如何?

(2)有哪些手段可以促进重金属的钝化?

第二节　厌氧消化工艺过程探索综合实验

实验七　畜禽粪便与秸秆厌氧消化的膨胀性与产气特性分析实验

1. 实验目的

有机固体废物被厌氧微生物分解会产生大量的气体,这些气体在消化物料中会形成大量的气孔,导致体积膨胀。本实验拟通过分析物料厌氧消化的膨胀性,获得物料的膨胀系数,可为厌氧消化器的有效容积设计提供参考,避免在发酵过程中由于物料膨胀堵塞出气管路引发喷涌事故。分析物料的产气特性,可初步判断物料的消化潜力,为优化厌氧消化工艺提供依据。

2. 实验材料与方法

(1)实验材料。畜禽粪便可选取猪粪、牛粪或羊粪等。秸秆可选择玉米秆、小麦秆或水稻秆等作为实验材料。接种污泥取自市政污水处理厂排放的剩余污泥。

(2)物料基本属性测试。分析测试物料的 TS、VS、TOC、TN、TP、含水率和 pH 等指标,测试方法详见第一章。

(3)膨胀性实验。实验装置为直径 10 cm、高 40 cm 的圆柱形反应器,底部和上部分别配有渗滤孔和出气孔,侧壁粘贴有精度为 1 mm 的刻度尺,用于实验过程中读取物料高度,如图 4 - 3 所示。

将破碎后的畜禽粪便或秸秆(10 mm 以下)与接种污泥按照 4∶2 的体积比混合,测定混合后物料的密度,调节含水率为 45%。

将 1.5 L 混合物料倒入反应器内,并向反应器中通氮气 15 min,加盖后进行消化,每隔 30 min 测量物料高度,直至膨胀高度稳定,停止记录(物料高度不再发生变化为止)。

(4)产气潜力测试。采用排水法测定不同物料(畜禽粪便和秸秆类)每天的产气潜力,产气稳定后(大幅降低且趋于稳定)结束记录,测定方法详见实验十。

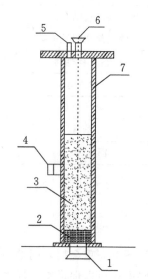

图 4 - 3　物料膨胀性实验装置图
1—出料口;2—渗滤孔;3—发酵物料;4—取样口;
5—出气孔;6—进料口;7—刻度尺

3. 数据处理与分析

（1）物料性质分析。

根据实验结果，将物料属性数据记录于表 4-3 中。

表 4-3　物料组成和基本属性

测试时间：　　年　月　日　　　　　　　测试地点：　　　　　　　记录人：

物料	TS/g·L^{-1}	VS/g·L^{-1}	TOC/mg·L^{-1}	TN/mg·L^{-1}	TP/mg·L^{-1}	含水率/%	pH
猪粪							
秸秆							
接种污泥							

（2）膨胀性分析。

以时间（min）为横坐标，以混合物高度（cm）为纵坐标绘制折线图。计算膨胀系数，即反应后物料最高时的高度/反应前物料高度。对比和评价畜禽粪便或秸秆作为试料的膨胀系数，在设计厌氧消化器时应考虑物料的安全膨胀系数，避免在发酵过程中由于物料膨胀堵塞出气管路等发生喷涌事故。

（3）产气潜力分析。

以时间（d）为横坐标，以日产气量（mL）为纵坐标绘制折线图。计算单位干物质产气量（mL/g）。

4. 思考题

（1）不同物料的膨胀机理是什么，膨胀系数怎样指导我们设计不同物料时的反应器高度？

（2）影响厌氧发酵的因素有哪些？

实验八　高含固率污泥的厌氧消化实验

1. 实验目的

传统的厌氧消化工艺要求反应器中消化底物的进料固体浓度小于 10%。而进料固体浓度大于 10% 的高固体浓度厌氧消化具有①水耗较低，②单位容积处理量高，③单位容积产气率较高，④沼渣更易处理等明显优势。然而，由于厌氧消化过程传质、传热不均，有机酸、氨氮等更易累积，可能会导致微生物菌群活性受到抑制。本实验目的在于考察高固体浓度厌氧消化过程，分析 VFAs、氨氮等中间产物在高固体浓度厌氧条件下的变化，探讨高固体浓度厌氧消化工艺转化污泥中的有机质产沼气的可行性，为污泥资源化与减量化提供依据。

2.实验材料与方法

2.1 实验材料

畜禽粪便可选取猪粪、牛粪或羊粪等;秸秆可选择玉米秆、小麦秆或水稻秆;接种污泥取自市政污水处理厂排放的剩余污泥。

2.2 实验方法

实验研究采用厌氧消化罐,单罐体积为 10 L,结构如图 4-4 所示。该消化罐由内外两层组成,内层为泥区,进行厌氧消化反应;外层为夹套,通过循环水为污泥加热保温。

实验开始前首先用氮气将消化罐内的空气排净(氮吹约 30 min,根据气体流量调节)。

储泥槽内的污泥用加热棒将其缓慢加热到一定温度,然后用蠕动泵将加热后的污泥打入消化罐泥区内。粉碎后的畜禽粪便或秸秆与接种污泥按照 4:2 的体积比混合,TS 浓度>10%,共 4 L。

整个实验过程采用中温厌氧消化,实验温度保持在(35±1) ℃。采用排水法测定物料(畜禽粪便和秸秆类)每天的产气潜力,产气稳定后(大幅降低且趋于稳定)结束记录。

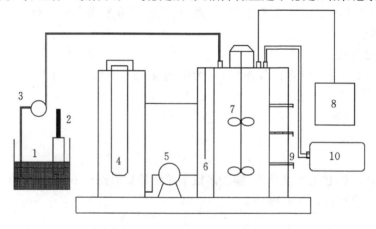

图 4-4　厌氧消化罐结构图

1—储泥槽;2—加热棒;3—进泥泵;4—加热丝;5—循环泵;
6—水层温度探头;7—搅拌器;8—集气袋;9—采样口;10—氮气瓶

2.3 分析测试方法

(1)物料性质分析。采集初始物料,进行 TS、VS、TOC、TN、TP、含水率和 pH 值等性质分析,方法详见第一章所述。

(2)消化过程产气分析。产气量用排水集气法计量,测试方法详见本章第一节。

(3)消化过程参数分析。定期采集消化物料样本,测试物料的 VFAs、氨氮和 pH 值,为过程控制提供数据参考,测试方法详见本章所述。

3. 数据处理与分析

(1)物料性质分析。根据实验结果,将物料属性数据记录于表 4-4 中。

表 4-4 物料组成和基本属性

测试时间: 年 月 日　　　　测试地点:　　　　记录人:

物料	TS/g·L^{-1}	VS/g·L^{-1}	TOC/mg·L^{-1}	TN/mg·L^{-1}	TP/mg·L^{-1}	含水率/%	pH
猪粪							
秸秆							
接种污泥							

(2)消化产气分析。以消化时间(d)为横坐标,以日累计产气量(mL)为纵坐标作折线图。计算单位干物质产气量(mL·g^{-1}),评价高含固率污泥厌氧消化的产气性能。

(3)消化过程监测。以消化时间(d)为横坐标,以 VFAs(mg·L^{-1})的量为纵坐标作折线图;以消化时间(d)为横坐标,以氨氮和 pH 值为纵坐标作折线图,分析消化过程的稳定性,评价高固体浓度厌氧消化工艺的可行性。

4. 思考题

据实验结果分析高浓度厌氧消化与传统低浓度厌氧消化在产气潜力及稳定性等方面存在的差异,分析过程参数控制应注意哪些事项?

实验九　温度对厌氧消化产沼气潜力与特性影响实验

1. 实验目的

温度是影响厌氧消化的重要因素之一。根据不同温度条件控制,厌氧消化可分为常温、中温和高温工艺。本实验目的是探索物料在不同温度条件下的产沼气潜力,得出物料最优消化温度及相应的消化时间和最大干物质累积产气量,以期为物料的最佳工艺选择提供依据。

2. 实验材料与方法

2.1 实验材料
市政污泥、秸秆、畜禽粪便均可作为消化物料。

2.2 实验方法
将取回的新鲜畜禽粪便(羊、鸭、兔粪便)或秸秆类固体废物分别去除杂质(秸秆类废物粉碎至 10 mm 以下),与接种污泥按质量比 7∶3 混合(污泥质量分数 30%)共 1 L,然后加水稀释到总固体(TS)质量分数为8%的消化液。消化液放在5L消化桶内通入氮气30 min后加盖密封,预处理7 d,每隔2 d搅拌一次,以加速有机物质的分解,提高原料利用率和产气效果。在实验过程中,每个消化罐均同时加料,同时开始。每种消化料液在不同消化温度下做3个重复样。

采用可控性恒温厌氧消化装置进行实验,该装置主要由消化装置(消化桶)、集气装置及控温装置组成(见图4-5),各装置间用玻璃管和橡胶管连接。可选用5L塑料桶作为消化罐,1000 mL容量瓶作为集气瓶,量筒作为收集排出水的容器,并进行测量。根据厌氧消化温度条件,实验温度设为高温(45±1)℃、中温(35±1)℃和常温(25±1)℃,恒温实验将消化装置置于恒温水槽内。每天记录原料产气量,当连续5 d产气速率的平均值低于100 mL/d时,认为厌氧消化完成,结束实验。

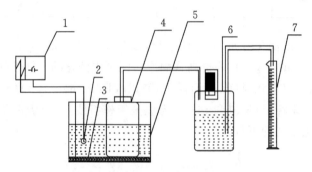

图4-5 可控性恒温厌氧消化装置
1—温控箱;2—温度传感器;3—加热丝;4—消化罐;5—恒温水槽;6—集气瓶;7—量筒

2.3 分析测试方法

(1)消化物料性质分析。分析测试原料和接种污泥的 TS、VS、TOC、TN、TP、pH 值等指标,方法详见第一章所述。

分析测试消化预处理前后物料的纤维素、半纤维素、木质素和粗蛋白等指标,方法详见实验八和实验九所述。

(2)产气潜力测试。逐日记录各个实验组的产气量,产气量测试方法详见本章实验一。

(3)消化效率及物料变化分析。每10 d取消化物料,测试COD和氨氮的变化,测试方法详见实验三、实验五所述。

3. 数据处理与分析

(1)原料性质分析。

将原料物理化学特性填入表4-5中。

表4-5 原料物理化学特性

测试时间:　　年　月　日　　　　　测试地点:　　　　　　　　记录人:

TS/g·L^{-1}	VS/g·L^{-1}	TOC/mg·L^{-1}	TN/mg·L^{-1}	TP/mg·L^{-1}	pH

(2)产气潜力分析。

将不同温度条件下,消化产沼气速率与产气潜力数据记录于表4-6中。对不同温度条件下的处理组和对照组,分别以时间(d)为横坐标,以日累计产气量(mL)为纵坐标作折线图。计算单位干物质产气量(mL/g),对比不同温度下消化的产气量。

表4-6 不同温度条件下消化产沼气速率与产气潜力

测试时间: 年 月 日 测试地点: 记录人:

温度	阶段累计产气量百分比/%						原料产气率	
	10 d	20 d	30 d	40 d	50 d	60 d	鲜物料/$m^3 \cdot t^{-1}$	总固体/$m^3 \cdot kg^{-1}$
常温								
中温								
高温								

(3)消化效率及物料变化分析。

将不同温度条件消化物料化学参数变化情况记录于表4-7中。以温度(℃)为横坐标,以消化结束时间(d)为纵坐标作图。厌氧消化的主要目的是降解有机废物,回收能源。厌氧消化时间的长短意味着在相同时间内消化处理废物的多少,直接反映了厌氧消化效率。在实际生产中,以产气量达到总产气量的90%以上即可认为消化基本完成。

表4-7 不同温度条件消化物料化学参数变化

测试时间: 年 月 日 测试地点: 记录人:

温度	COD/$mg \cdot L^{-1}$					
	10 d	20 d	30 d	40 d	50 d	60 d
常温						
中温						
高温						
温度	氨氮/$mg \cdot L^{-1}$					
	10 d	20 d	30 d	40 d	50 d	60 d
常温						
中温						
高温						

4.思考题

(1)根据实验结果,分析常温、中温、高温三种厌氧消化工艺的优缺点和适用范围。

(2)根据实验结果,说明温度影响厌氧消化过程中的哪些指标,影响机理是什么?

实验十　秸秆与粪便混合的厌氧消化产气性能测试实验

1.实验目的

　　秸秆和禽畜粪便是中国最主要的两大类农业废物生物质,秸秆被废弃和就地焚烧会引发土壤和大气污染,畜禽粪便的排放也会导致土壤和水体污染。这两大类生物质均具有良好的厌氧消化潜力,然而特点却各不相同。秸秆含有大量的纤维素、木质素、半纤维素等大分子碳氢化合物,畜禽粪便则含有较为丰富的氮磷资源,两类生物质按照一定比例混合可为微生物提供优良的 C∶N∶P 营养配比,提升生物质能源产量。本实验的目的在于通过实验判断最佳的秸秆与粪便混合配比。

2.材料与方法

2.1实验材料

　　秸秆可取自校园周边农村,风干后用粉碎机粉碎至 1 mm 以下,并经烘箱进一步烘干待用。新鲜粪便可取自周边养殖场,经简单手工剔除动物毛发和大块石子等杂物后置于 4 ℃冰柜内待用。接种污泥可采用市政污水处理厂厌氧消化污泥池或周边某沼气工程消化罐,取回后在厌氧反应器中用畜禽粪便驯化 2 周,用 1 mm 的筛网进行过滤,取滤液作为接种物。

2.2实验方法

　　采用2.5L的上下口抽滤瓶作为厌氧消化反应器。共设置5个处理,即秸秆与粪便VS质量比分别为 0∶1、1∶2、1∶1、2∶1、1∶0,每个处理设置 2 个平行实验。接种量为混合物料质量的50%,用自来水补充消化料液的总体积为 2 L。设计厌氧消化的初始有机负荷为6%(以 VS 计)。为保证反应器的厌氧环境,添加物料后向反应器中吹入氮气 10 min,排尽反应器顶部空间的空气,将反应器用橡胶塞密封,置于已设定温度(37±1) ℃的水浴锅内进行厌氧消化,实验进行至产气结束为止。每天在固定时间手动摇匀消化液 2 次,每天固定时间测量产气量。每 2~3 d 测 1 次气体成分、pH 值,每 3~5 d 固定时间测挥发性脂肪酸浓度、氨氮浓度。

2.3分析测试

　　TS、VS采用烘干失重方法测定;产气量采用排水法测定;气体成分由气相色谱法测定;消化液的 pH 值采用玻璃电极电位法测定。对于厌氧消化消化液的成分,采集液样后离心(12000 r/min,25 ℃,10 min),取上清液用纳氏试剂光度法测定氨氮浓度。取 1 mL 上清液,预处理后用气相色谱仪测定 VFAs(包括乙酸、丙酸、丁酸、异丁酸、戊酸和异戊酸)浓度。

3. 数据处理与分析

　　(1)产气分析。以时间(d)为横坐标,以日累计产气量(mL)为纵坐标绘制折线图。产气稳定后(大幅降低且趋于稳定)结束记录,并计算单位干物质产气量(mL/g)。

　　对比各种物料配比的产气量,以产气量为标准选择最佳物料配比。

（2）产气效率的比较。将上述参数测试结果记录于表 4 - 8 中。分析秸秆与粪便混合厌氧消化的产气效率。

表 4 - 8　秸秆与粪便混合厌氧消化的沼气产率分析

测试时间：　　年　月　日　　　　　　测试地点：　　　　　　　记录人：

实验组	配比（秸秆∶粪便）	营养比（C∶N）	VS/g·L^{-1}	有机负荷（以 VS 计）/%	甲烷产率/%	沼气产率/%
T1	0∶1					
T2	1∶2					
T3	1∶1					
T4	2∶1					
T5	1∶0					

（3）液相成分的变化分析。以时间（d）为横坐标，以液相 pH、VFAs 组分（包括乙酸、丙酸、丁酸）（mg·L^{-1}）和氨氮（mg·L^{-1}）为纵坐标绘制折线图。

挥发性脂肪酸是厌氧消化过程中有机质水解酸化的主要产物，同时也是产甲烷菌所利用的底物，VFAs 常作为评价水解酸化和产甲烷是否平衡的重要指标。

氨氮是厌氧消化过程检测的重要参数，这是因为低浓度的氨氮可为微生物提供必要的氮源，且有利于维持稳定的 pH 值，但高浓度的氨氮会严重影响产甲烷过程。氨氮来源于蛋白质、氨基酸和尿素的水解，消化初期原料中蛋白的水解使氨氮浓度增加，随着产甲烷菌的大量生长繁殖，氨氮被消耗，浓度逐渐下降。当产甲烷菌生长到稳定期后，对氮源需求减少，而此时原料水解仍在缓慢进行，氨氮浓度可能会再次升高。

4.思考题

（1）根据实验结果，综合考虑什么方式的物料配比为最佳？
（2）试分析为什么厌氧消化过程中挥发性脂肪酸浓度出现先增加后下降的趋势？

实验十一　碱法预处理提高秸秆厌氧消化产沼气性能实验

1.实验目的

秸秆中约有 80% 为半纤维素、纤维素和木质素等致密物质，而其中难以降解的木质素与半纤维素、纤维素相互交联，使得厌氧微生物无法快速对其进行分解和利用，因此需要进行一定的预处理，以促进秸秆的高效降解。大量研究表明碱预处理秸秆具有处理时间短、产气效果好等优点，在提高秸秆厌氧消化产沼气能力的同时，可降低成本和安全风险。本实验的目的在于探索合适的碱法预处理工艺条件，为秸秆厌氧消化提供合理可靠的工艺参数。

2. 实验材料与方法

（1）实验材料。可选取 200 g 玉米秸秆、小麦秸秆或水稻秸秆作为实验材料，将其截断至 1～2 cm，粉碎后过 100 目筛。接种污泥可采用市政污水厂消化污泥池中的污泥或某沼气工程的厌氧消化器。

（2）实验方式。实验方式采用批式厌氧消化，采用排水法收集沼气。

（3）预处理方法。

①将粉碎后秸秆用去离子水调节至含水率约为 30％。

②按照 3％、5％和 7％的质量分数（相对于秸秆的干物质质量）分别加入 10 g、15 g、20 g 的 CaO（或 NaOH），混合均匀，对照实验为 3％、5％和 7％的质量分数（相对于秸秆的干物质质量）的原始物料，不加 CaO（或 NaOH）。

③将以上混合物放入锥形瓶，用锡箔纸密封放入 25 ℃恒温箱内，放置时间为 7 d。

④7 d 后从恒温箱中取出，分别从处理组和对照组中取样（相同的质量），检测其粗蛋白、纤维素、半纤维素、木质素的含量，以对比预处理方法对物料成分的影响，测试方法详见本章实验八、实验九所述。剩余物料作为下一步产气潜力测试的原料。

（4）产气潜力测试。将预处理后的秸秆与接种污泥按 4：2 体积比混合后调节 pH 值为中性（7 左右），模拟固体反应器条件下进行中温（35 ℃）厌氧消化产沼气潜力测试实验。

锥形瓶用锡箔纸密封后置于 35 ℃恒温条件下消化，逐日记录产气量（mL）。每组设置 3 个平行实验，实验结果取均值。产气潜力测试方法详见本章实验一所述。

（5）消化物料性质分析。分析测试原料和接种污泥的 TS、VS、TN、TP、pH 值等指标，分析厌氧消化起始和结束后物料的 TS 和 VS 指标，测试方法详见第一章。

3. 数据处理与分析

（1）秸秆与接种污泥的基本属性。将上述有关物料性质分析结果记录于表4-9中。

表 4-9　秸秆和接种污泥的基本性质

测试时间：　　年　月　日　　　　　测试地点：　　　　　　　记录人：

基本参数	总固体 (TS)/g·L^{-1}	挥发性固体 (VS)/g·L^{-1}	总碳/mg·L^{-1}	总氮/mg·L^{-1}	C/N	pH
秸秆						
接种污泥						

（2）预处理对秸秆成分的影响。将预处理前后秸秆中粗蛋白、纤维素、半纤维素和木质素等组成分析结果记录于表 4-10 中。

表 4 - 10 预处理前后秸秆成分变化

测试时间： 年 月 日 测试地点： 记录人：

	初始物料 1	初始物料 2	初始物料 3	预处理 1	预处理 2	预处理 3
粗蛋白质量分数/%						
纤维素质量分数/%						
半纤维素质量分数/%						
木质素质量分数/%						

(3)预处理对产气的影响。分别对对照组和实验组的产气量：

①以时间(d)为横坐标，以产气速率($mL \cdot d^{-1}$)为纵坐标作图；以时间(d)为横坐标，以日累计产气量(mL)为纵坐标作图；

②对比产气量(mL/g)，评价碱法预处理物料对产气的影响。

(4)预处理对消化物料变化的影响。将预处理消化物料化学参数测试结果记录于表 4 - 11 中。

表 4 - 11 不同处理方法下消化物料化学参数变化

测试时间： 年 月 日 测试地点： 记录人：

实验组	VS /mg · L⁻¹	TS /mg · L⁻¹	80%最大产气量/mL	80%最大产气量的消化时间/d	单位 VS 产气量 /mL · g⁻¹	单位 TS 产气量 /mL · g⁻¹	TS 去除率	VS 去除率
对照								
预处理 1								
预处理 2								
预处理 3								

注：80%最大产气量一般指厌氧消化产生的累积产气量达到最大产气量的 80%所需的时间。

4.思考题

(1)秸秆厌氧消化的限速步骤是什么？讨论有哪些预处理技术手段可以解决这一问题？

(2)调查我国秸秆产量，分析厌氧消化秸秆产能潜力及应用前景。

实验十二 厌氧消化过程重金属生物有效性分析实验

1.实验目的

对厌氧消化过程重金属形态的转化规律进行研究，为污泥厌氧消化稳定化处理后的安全处置提供依据。

2. 实验原理

厌氧消化过程中,随着有机质的分解,固体废物中重金属形态会发生相互转化。根据相对容易迁移形态重金属百分含量(可交换态、碳酸盐结合态、铁锰氧化物结合态)与相对稳定形态重金属(F4——有机态、F5——残渣态)百分含量的比值变化来推断重金属的潜在迁移能力,用以评估其生物有效性。

3. 实验材料与方法

(1)实验材料。从市政污水处理厂获取剩余污泥 15 kg,取 3 kg 用于原始污泥各形态 Cu、Zn、Ni、Cr 含量分析,将其余污泥样品 3 等分,每份 4 kg,置于 6 L 的消化罐中,加入 2 kg 接种污泥,进行序批式厌氧消化,直至产气终止。

(2)实验方法。序批式厌氧消化使用 3 台消化罐,消化温度为(35±1)℃,通过夹套内水浴程序加热控温,反应器配备螺旋状搅拌轴,间歇搅拌,每分钟搅 40 s。实验前,先将 4 kg 原污泥和 2 kg 接种泥水浴加热至 35 ℃左右,混合加入消化罐中,开始运行装置。在运行过程中,每日记录产气量,根据运行情况每隔 5 d 间歇出料,每次约 50 mL,测定其中重金属总量及各形态的含量(方法参照本节实验一),同时测定污泥的 pH 值、含水率、VS 及氨氮浓度。

4. 数据处理与分析

(1)物料消化过程监测。将厌氧消化主要化学指标记录于表 4-12 中。

表 4-12 厌氧消化主要化学指标

测试时间: 年 月 日   测试地点: 记录人:

时间/d	pH	含水率/%	VS/g·L^{-1}	TS/g·L^{-1}	氨氮/mg·L^{-1}
0					
5					
10					
15					
20					
25					
30					
...					

(2)污泥消化前后重金属形态变化及安全评价。将原始污泥及消化污泥中 Cu、Zn、Ni、Cr 各形态含量记录于表 4-13 中。

表 4 - 13 原始污泥及消化污泥中 Cu、Zn、Ni、Cr 各形态含量(mg·kg⁻¹)

分析项目	原始污泥				消化污泥			
	Cu	Zn	Ni	Cr	Cu	Zn	Ni	Cr
可交换态								
碳酸盐结合态								
铁锰氧化物结合态								
有机态								
残渣态								
总计全量								
总量								
回收率/%								

(3)消化过程中金属迁移潜力分析。将厌氧消化过程中对污泥重金属潜在迁移能力的影响记录于表 4 - 14 中。

表 4 - 14 厌氧消化过程对污泥重金属潜在迁移能力的影响

测试时间：　年　月　日　　　　　测试地点：　　　　　　　记录人：

时间/d	$[m(F1)+m(F2)]/m(F5)$				$[m(F1)+m(F2)+m(F3)]/[m(F4)+m(F5)]$			
	Cu	Zn	Ni	Cr	Cu	Zn	Ni	Cr
0								
5								
10								
15								
20								
25								
30								
...								

注：F1 为可交换态；F2 为碳酸盐结合态；F3 为铁锰氧化物结合态；F4 为有机态；F5 为残渣态。

将 F1、F2 之和与 F5 之比，及 F1、F2、F3 之和与 F4、F5 之和之比作为衡量重金属潜在迁移能力的标准，其比值越大意味着重金属的潜在迁移能力越强。按两种方法计算的结果记录于表 4 - 14 中，表中 m 表示各形态重金属含量百分数。

5.思考题

根据实验结果讨论厌氧消化对所有测试重金属的形态分布的影响，及对污泥中重金属的潜在迁移能力和生物有效性的作用。

本章参考文献

[1]张晋军.林业有害生物防治策略[J].现代农业科技,2011,6(18):223.

[2]罗娟,董保成,陈羚,等.畜禽粪便与玉米秸秆厌氧消化的产气特性实验[J].农业工程学报,2012,28(10):219 – 224.

[3]李荣平,葛亚军,王奎升,等.餐厨垃圾特性及其厌氧消化性能研究[J].可再生能源,2010,28(1):76 – 80.

[4]李东,叶景清,甄峰,等.稻草与鸡粪配比对混合厌氧消化产气率的影响[J].农业工程学报,2013,29(2):232 – 238.

[5]宋立,邓良伟,尹勇,等.羊、鸭、兔粪厌氧消化产沼气潜力与特性[J].农业工程学报,2010,26(10):277 – 282.

[6]张翠丽,杨改河,任广鑫,等.温度对 4 种不同粪便厌氧消化产气效率及消化时间的影响[J].农业工程学报,2008,24(7):209 – 212.

[7]吕琛,袁海荣,王奎升,等.果蔬垃圾与餐厨垃圾混合厌氧消化产气性能[J].农业工程学报,2011,27(增 1):91 – 95.

[8]罗娟,张玉华,陈羚,等.CaO 预处理提高玉米秸秆厌氧消化产沼气性能[J].农业工程学报,2013,29(8):192 – 199.

[9]马淑勋,袁海荣,朱保宁,等.氨化预处理对稻草厌氧消化产气性能影响[J].农业工程学报,2011,27(6):294 – 299.

[10]陈羚,罗娟,董保成,等.复合菌剂和 NaOH 预处理提高秸秆厌氧消化性能[J].农业工程学报,2013,29(7):185 – 190.

[11]段娜,林聪,田海林,等.添加尿素和无机盐土对秸秆厌氧消化的影响[J].农业工程学报,2015,31(增 1):254 – 260.

[12]刘晓光,董滨,戴翎翎,等.剩余污泥厌氧消化过程重金属形态转化及生物有效性分析[J].农业环境科学学报,2012,31(8):1630 – 1638.

[13]孙晓.高含固率污泥厌氧消化系统的启动方案与实验[J].净水技术,2012,31(3):78 – 82.

[14]刘晓玲,李十中,刘建双,等.应用高固体浓度厌氧消化工艺转化污泥产沼气研究[J].环境科学学报,2011,31(5):955 – 963.

第五章　固体废物的热处理

第一节　固体废物热处理基础实验

实验一　固体废物的预处理

1.实验目的

通常情况下,采集到的原始固体废物并不能满足实验或分析的要求,需要对其进行一定的处理,即固体废物样品的制备。固体废物制样的质量直接影响着后续实验的进行。错误的制样过程可能会对设备及结果产生不利影响,例如:破碎不当的样品中,粗大、锋利的固体废物可能损坏后续处理工序(如筛分、热解、气化等)中的设备或炉膛。因此学习如何正确制备固体废物样品十分必要。

通过本实验,可以达到以下目的:
(1)了解固体废物制样的目的和意义;
(2)掌握固体废物制样的基本方法和步骤。

2.实验原理和方法

2.1 制样工具

包括:制药用粉碎机、行星式球磨机、玛瑙研钵、电动筛分仪、十字分样板、分样铲、挡板、分样器、干燥箱及盛样容器。

2.2 制样方法

2.2.1 生活垃圾样品制备

(1)分拣:将采集到的生活垃圾摊铺在地上,按表 5-1 的分类方法手工分拣,并记录下各类成分的质量。

表 5-1　垃圾成分分类

有机物		无机物		可回收物						
动物	植物	灰土	砖瓦、陶瓷	纸类	塑料、橡胶	纺织物	玻璃	金属	木竹	其他

(2)粉碎:分别对各类垃圾进行粉碎。对灰土、砖瓦、陶瓷类废物,先用手锤将大块敲碎,再

用粉碎机或其他粉碎工具进行粉碎;对动植物、纸类、纺织物、塑料等废物,用剪刀剪碎。粉碎后样品的大小,根据分析测定项目确定。

(3)混合缩分:根据分拣得到的各类垃圾成分比例或质量,将粉碎后的样品混合缩分。混合缩分采用圆锥四分法,即将样品置于洁净、平整、不吸水的板面(玻璃板、聚乙烯板、木板等)上,堆成圆锥形,每铲由圆锥顶尖落下,使颗粒均匀沿锥尖散落,不要使圆锥中心错位,反复转堆至少三次,达到充分混合。将圆锥尖顶压平,用十字分样板自上压下,分成四等份,然后任取两个对角的等份,重复上述操作至所需分析试样的质量。

2.2.2 工业固体废物样品制备

(1)干燥——使样品更容易制备。将采集的样品均匀平铺在洁净、干燥的搪瓷盘中,置于清洁、阴凉、干燥、通风的房间内自然干燥。当房间内晾晒多个样品时,可用大张干净滤纸盖在搪瓷盘表面遮挡灰尘,以避免样品受到外界环境的污染和交叉污染。对颗粒较细的样品(如污泥),在干燥过程中应经常用玛瑙锤或木棒等物翻搅和敲打,以防止干燥后结块。

当样品中的待测组分不具备挥发或半挥发性质时,也可以采用控温箱低温干燥的方法,干燥箱保持在(105 ± 2) ℃。

(2)粉碎——经破碎和研磨以减小样品的粒度。粉碎,可用机械或手工完成。将干燥后的样品根据硬度和粒径的大小,采用适宜的破碎机、粉碎机、研磨机和乳钵等分段粉碎至所要求的粒度。样品粉碎可一次完成,也可以分段完成。在每粉碎一个样品前,应将粉碎机械或工具清扫、擦拭干净。

(3)筛分——使样品95%以上处于某一粒度范围。根据样品的最大颗粒直径选择相应的筛号,分阶段筛出全部粉碎后的样品。在筛分过程中,筛上部分应全部返回粉碎工序重新粉碎,不得随意丢弃。

(4)混合——使样品达到均匀。可以利用转堆方法对样品进行手工混合;当样品数量较大时,应采用双锥混合器或 V 型混合器进行机械混合,以保证样品均匀。对粒径大于 25 mm 的样品,未经粉碎不能混合。

(5)缩分——将样品缩分成两份或多份,以减少样品的质量。

①圆锥四分法见前面叙述。

②份样缩分法。当样品数量较大时,应采用份样缩分法,此时,要求样品的粒径小于 10 mm。样品混合后,将其平摊成厚度均匀的矩形平堆,并划分出若干面积相等的网格,然后用分样铲在每个网格中等量取出一份,收集并混合后即为经过一次缩分的样品。如需进一步缩分,应再次粉碎,缩合后,按上述方法重复操作至所要求的最小缩分留量。

③二分器缩分法。将样品通过二分器三次混合后置入给料斗中,轻轻晃动料斗,使样品沿二分器全部格槽均匀散落,然后随机选取一个或数个格槽作为保留样品。

3.实验步骤

实验原料:干化生活垃圾、松木屑等。

根据需要制样,并填写制样记录于表 5-2 中。

表 5 – 2　固体废物制样记录表

制作时间：　　年　月　日　　　　　　制作地点：

样品名称		送样人	
样品量		制样人	
制样目的			
样品性状简述			
制样过程简述			
样品保存方式及注意事项			

4.思考题

(1)生活垃圾和工业固体废物样品制备有何异同？

(2)用于破碎的仪器有哪几种？分别适用什么情况？

实验二　固体废物的热值潜力测试

1.实验目的

固体废物的热值是固体废物的一个重要物化指标,热值大小关系到固体废物的可燃性,因此也是选择处理和处置方式的重要依据。要使物质维持燃烧,就要求其燃烧释放出来的热量足以提供加热废物到达燃烧温度所需要的热量和发生燃烧反应所必需的活化能。否则,就要消耗辅助燃料才能维持燃烧。根据经验,当生活垃圾的低热值大于 3350 kJ/kg（800 kcal/kg）时,燃烧过程无需加助燃剂。采用氧弹量热仪可测定生活垃圾的发热量或热值。

通过本实验可以达到以下目的：

(1)掌握氧弹量热仪的原理、构造及使用方法；

(2)测定部分典型生活垃圾的热值。

2.实验原理

燃料的燃烧热（或热值）是指单位质量的燃料在标准状态下与氧完全燃烧时释放的热量。完全燃烧是指燃料中的碳完全转变为二氧化碳,氢转变为水,硫转变为二氧化硫。根据反应产物中水的状态不同,热值又有低热值和高热值之分。如产物水为 20 ℃的水蒸气,这时的热值为低位发热值(low heating value,LHV)（简称低位热值或低热值）；如产物为 0 ℃的液态水,这时的热值就为高位发热值(high heating value,HHV)（简称高位热值或高热值）,两者的差值为水的汽化潜热。由于水蒸气的这部分汽化潜热是不能加以利用的,故在垃圾焚烧处理中一般都使用低位热值进行设计和计算。

测量热效应的仪器称为量热仪。量热仪的种类很多,本实验使用全自动氧弹量热仪。测量的基本原理：根据能量守恒定律，样品完全燃烧放出的能量促使氧弹及其周围的介质(本实验用水)温度升高，测量介质在燃烧前后温度的变化即可计算出该样品的热值，其计算式为

$$mQ_v = (V_水 \rho c + C_卡)\Delta T - 2.9L$$

式中：Q_v——燃烧热，J/g；

ρ——水的密度，g/cm³；

c——水的比热容，J/(℃·g)；

m——样品的质量，kg；

$C_卡$——氧弹的水当量，即量热体系温度升高 1℃时所需的热量，J/℃；

L——铁丝的长度，cm，其燃烧值为 2.9 J/cm；

$V_水$——实验用水量，mL；

ΔT——温度差，℃。

当出现因样品热值过低而点不着火的现象时，需在样品中加入助燃剂，苯甲酸因其热值稳定而被广泛使用。此时样品的热值计算如下

$$Q_2 = (Q - m_1 q_1)/m_2$$

式中：Q_2——样品热值，J/g；

Q——总发热量，J/g；

m_1——苯甲酸质量，g；

q_1——苯甲酸热值，26467 J/g；

m_2——样品质量，g。

氧弹的水当量($C_卡$)一般也用纯净苯甲酸的燃烧热来标定，其在氧弹中燃烧，从量热体系的温升即可求得 $C_卡$。所以热值的测量一般分为两步，首先由标准样品的燃烧测定 $C_卡$，然后测定样品热值。

本实验所使用的氧弹量热仪自动化程度高，可自动识别氧弹，自动确定内桶水量，自动控制水温，自动完成实验。主要需要学习的是氧弹内样品的装填、充氧以及系统的使用。

3. 实验设备及试剂

(1)实验装置：全自动氧弹量热仪、分析天平、氧弹架。

(2)耗材：铁丝、氧气瓶。

(3)标准物质：苯甲酸。

(4)待测原料：松木屑、塑料、布料、纸张等。

4. 实验步骤

(1)实验前应准备好洗净并烘干的坩埚、实验样品和干燥的样勺。

(2)开启电源和计算机，打开数据采集系统。

(3)温度平衡：将氧弹放入内筒并盖上桶盖，点击"温度平衡"按钮(若在设置内选择了自动温度平衡，则无需此操作)，系统开始温度平衡(此过程需要 30 min 左右)，等待系统状态栏显示系统就绪后，就可以开始实验。

(4)装氧弹：将氧弹芯取出，挂在氧弹支架上，将装有样品的坩埚放在坩埚支架上，用点火丝弯成一个 V 字形，两端分别卡在坩埚支架上，再将点火丝卡紧。将点火丝中间部位，接触到样品(点火丝不能接触到坩埚)，在氧弹内注入 10 mL 的纯净水，再将氧弹芯放入氧弹内，拧紧氧弹。

(5)充氧：将氧弹拿到充氧器上充氧 30 s(氧气瓶减压阀小表调到 2.8～3 MPa)，充氧结束后将氧弹放入仪器内筒，并盖好桶盖。

(6)输参数：在仪器状态栏点击桶号，软件会跳出"参数输入"对话框，在"手动编号"栏输入编号，"样品重量"栏输入样品重量，仪器会自动开始实验，这时只需等待实验结果。

(7)实验结束后，软件会自动报出发热量结果，并保存在数据管理内。

(8)清洗氧弹：打开桶盖将氧弹从内筒中取出，用放气阀将氧弹放气，拧开氧弹盖，清除氧弹芯坩埚支架上的残留点火丝，清洗氧弹筒和坩埚，用氧弹布将氧弹擦干，坩埚放入烘箱内烘干备用。

(9)如有多个样品，只需重复操作步骤(6)～(10)即可。

(10)待所有样品测试结束后，退出全自动氧弹量热仪测控系统，关闭计算机，关闭主机和计算机等终端电源。

5. 原始数据记录表

将固体废物的热值记录于表 5-3 中。

表 5-3　固体废物热值记录表

记录时间：　　年　月　日　　　　　　记录人：

	松木屑	塑料	布料	纸张
样品 1				
样品 2				
样品 3				
平均值				

6. 注意事项

(1)氧弹在使用过程中必须轻拿轻放。

(2)每次实验前后的氧弹必须清洗干净，并使用专用布擦干。

(3)每次装点火丝之前，必须将残留在电极杆上和压环内的点火丝或其他异物清理干净。

(4)严禁超压充氧(正常为 2.8～3 MPa)，充氧时间(30～60 s)应相对一致，如果充氧压力超过 3.2 MPa，应将氧气放掉，调整减压阀输出至 2.8～3 MPa，重新充氧。

(5)氧弹盖不宜旋得过紧，旋到位后稍加一点力即可。

(6)每次实验结束后，应关闭氧气总阀，并将气路中的氧气放掉，使减压阀的高低压表指向 0 MPa。

(7)充氧器与氧气瓶置放场所应严禁烟火与高温。

(8)严禁弯折和扭曲充氧导管。

7. 思考题

(1)在实验操作过程中,有哪些因素可能影响测量分析的精度?

(2)固体状样品与流动状样品的热值测量方式有何不同?

第二节 固体废物热处理综合实验

实验三 固体废物热解实验

1. 实验目的

热解是固体废物能源利用的方式之一。在热解过程中,有机成分在高温条件下被分解破坏,实现快速、显著减容。与生化法相比,热解方法处理周期短、占地面积小、可实现最大程度的减容、延长填埋场使用寿命;与普通的焚烧法相比,热解过程产生的二次污染少。热解的气态或液态产物用作燃料与固体废物直接燃烧相比,不仅燃烧效率更高,所造成的大气污染也更少。

通过本实验可以达到以下目的:

(1)了解热解的概念;

(2)熟悉热解装置的操作流程及参数的设置。

2. 实验原理

热解是一种传统的生产工艺,有非常悠久的历史。例如,木材和煤干馏后生成木炭和焦炭,便是运用热解的方法。随着现代工业的发展,热解技术的应用范围也在逐渐扩展,例如重油裂解生成轻质燃料油,煤炭气化生成燃料气等,采用的都是热解工艺。

热解是将有机物在无氧或缺氧状态下加热,使之成为气态、液态或固态可燃物质的化学分解过程。固体废物的热解是一个非常复杂的化学反应过程,包含了大分子键的断裂、异构化和小分子的聚合等反应,最后生成较小的分子。热解反应过程可用下述通式表示

有机固体废物 $\xrightarrow{\triangle}$ 气体(H_2、CH_4、CO、CO_2)

$+$有机液体(有机酸、芳烃、焦油)$+$固体(炭黑、灰渣)

3. 实验设备及试剂

(1)实验装置如图 5-1 所示。主要由载气系统、热解炉及温控系统、冷凝系统以及气体净化收集系统四部分组成。载气选择氮气;热解炉选取卧式可开启管式炉,要求炉管能耐受

800 ℃高温;气体净化收集系统要求密封性好,有一定抗腐蚀性,由净化器、湿式流量计、干燥管、集气口及集气袋组成。

(2)配套设备:烘箱、铁架台、量筒、定时钟、分析天平。

(3)实验原料:松木屑。

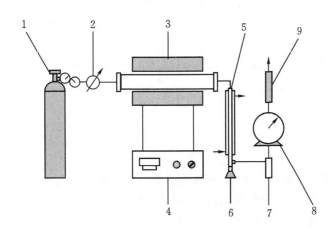

图 5-1　热解实验装置

1—氮气瓶;2—气体流量计;3—热解炉;4—温控仪;5—冷凝管;
6—焦油收集瓶;7—净化器;8—湿式流量计;9—干燥管

4.实验步骤

(1)称取 100 g 已制备成样的松木屑,装入反应管中并将管口拧紧。

(2)打开氮气瓶减压阀,调节气体流量计使氮气流量控制在 20 mL/min 左右,用氮气吹扫除去反应体系内空气。

(3)接通循环水冷却泵的电源,使冷凝水循环流动。

(4)接通反应炉和温控仪电源,设置升温速率为 20 ℃/min,将炉温升至 400 ℃并保持恒温。

(5)当反应炉温度升至 400 ℃后,每隔 15 min 记录湿式流量计数据,总共记录 4 h;每隔 1 h 换一次集气袋并将已收集的集气袋密封编号。

(6)实验结束后测定收集到焦油的量并密封编号保存,待炉温降至室温,收集管内固体残渣测定,并密封编号保存。

(7)可对收集的气体进行气相色谱分析。

(8)实验结束后关闭电源、氮气瓶减压阀,并清洗冷凝管、集液瓶等。

(9)温度分别升高到 500 ℃、600 ℃、700 ℃、800 ℃,重复实验步骤(1)~(8)。

5.原始数据记录表

参考表 5-4 记录实验数据。

表 5－4　不同温度下产气量记录（单位：mL/h）

测试时间：　　年　月　日　　　　　　　　记录人：　　　　　　　　载气流量：

实验序号	1	2	3	4	5
反应温度	400 ℃	500 ℃	600 ℃	700 ℃	800 ℃
恒温后 15 min					
恒温后 30 min					
…					
恒温后 120 min					

6.注意事项

(1)实验前需仔细检查装置气密性,漏气会直接影响实验结果。

(2)不同原料产气率不同,应根据实际情况调节载气流量。

(3)换气袋时需佩戴好口罩,避免异味刺激。

(4)炉温升高后要避免靠近及接触炉体,实验结束后确保炉温降至室温方可打开炉体。

7.思考题

(1)热解和焚烧的区别是什么?

(2)载气的作用有哪些?

(3)分析不同热解温度对产气率的影响。

(4)如对收集的气体进行了气相色谱分析,试分析不同热解温度对产气成分的影响。

实验四　固体废物气化实验

1.实验目的

固体废物气化技术是一种热化学处理技术。该技术是通过气化炉将固态废物转换为使用方便且清洁的可燃气体,用作燃料或生产动力。与热解在惰性气氛或有限供氧的条件下发生不同,气化是指燃料与周围气氛反应生成可燃气体,气氛可以是空气、富氧气体甚至纯氧、氢气、水蒸气等。

通过本实验可以达到以下目的:

(1)了解气化的概念;

(2)熟悉气化装置的操作流程及参数的设置。

2.实验原理

本实验依然使用松木屑作为原料。松木屑属于固体废物中的生物质类。生物质气化技术是一种热化学转换利用技术,是将低品质生物质通过反应器转化成高品质清洁燃气的过程。其工作原理是在一定的热力学条件下,借助气化剂作用,使生物质纤维素、半纤维素和木质素等高聚物发生热解、氧化、还原、重整反应,热解的产物焦油进一步催化热裂化为小分子碳氢化合物,获得含 CO、H_2、CH_4 和 C_mH_n 等烷烃类碳氢化合物的燃气。

气化和热解通常是相互依存的,一般认为热解是气化的第一步。生物质气化的最终目的是得到洁净的燃气,因此在气化过程中常要采用催化剂来抑制、转化或消除热解气化反应过程中产生的焦油。生物质热解气化原理如图 5-2 所示。

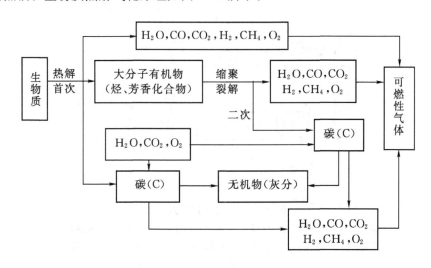

图 5-2　生物质气化原理图

生物质气化是一种复杂的非均相与均相反应过程,其主要发生的反应:①生物质炭与合成气之间的非均相反应;②合成气之间的均相反应。随着反应工艺和设备的差异,反应条件(如反应原料种类及含水率、气化剂种类、反应温度及时间、有无催化剂及催化剂的性质)等不同,气化过程也千差万别。按气化剂的种类分为空气气化、氧气气化、水蒸气气化、CO_2 气化、空气-水蒸气气化、氧气-水蒸气气化、热解气化、氢气气化和空气加氢气化等。本实验使用水蒸气作为气化剂。

水蒸气气化是以高温水蒸气作为气化剂,需提供外热源才能维持的吸热反应过程。它不仅包括水蒸气-碳的还原反应,还有水蒸气-CO 的变换反应等各种甲烷化反应以及热分解反应。相比于空气、氧气-水蒸气等气化方式,水蒸气气化产氢率高,燃气质量好,热值高。由此可见,水蒸气气化是一种有效的将低品质生物质转化为高品质的氢能的利用方式。

生物质气化技术提高了生物质能利用的效率,将生物质炭和焦油转化为清洁燃气,既解决了气化过程中焦油带来的关键问题,又能合理调节燃气组分,提高燃气品质,为进一步利用和深加工提供了巨大的便利。

3.实验设备及试剂

(1)实验装置如图 5-3 所示。主要由载气系统、水蒸气供应系统、气化炉及温控系统、冷凝系统以及气体净化收集系统四部分组成。载气选择氮气;水蒸气供应系统由蒸汽发生器产生水蒸气,并通过流量调节阀调节流量;气化炉选取卧式可开启管式炉,要求炉管能耐受800 ℃高温;气体净化收集系统要求密封性好,有一定抗腐蚀性,由净化器、湿式流量计、干燥管、集气口及集气袋组成。

(2)配套设备:烘箱、铁架台、量筒、定时钟、分析天平。

(3)实验原料:松木屑。

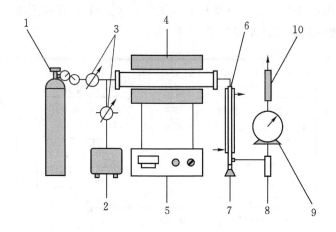

图 5-3　气化实验装置

1—氮气瓶;2—蒸汽发生器;3—气体流量计;4—气化炉;5—温控仪;
6—冷凝管;7—焦油收集瓶;8—净化器;9—湿式流量计;10—干燥管

4.实验步骤

(1)称取 50 g 已制备成样的松木屑,装入反应管中并将管口拧紧。

(2)打开氮气瓶减压阀,调节气体流量计使氮气流量控制在 20 mL/min 左右,用氮气吹扫除去反应体系内空气。

(3)接通循环水冷却泵的电源,使冷凝水循环流动。

(4)接通反应炉和温控仪电源,设置升温速率为 20 ℃/min,将炉温升至 400 ℃并保持恒温。

(5)当反应炉温度升至 400 ℃后,接通蒸气发生器电源并设置进水速率为 15 mL/h,每隔 15 min 记录湿式流量计数据总共记录 120 min;每隔 30 min 换一次集气袋并将已收集的集气袋密封编号。

(6)实验结束后测定收集到焦油的量并密封编号保存,待炉温降至室温,收集管内固体残渣测定并密封编号保存。

(7)可对收集的气体进行气相色谱分析。

(8)实验结束后关闭电源、氮气瓶减压阀,并清洗冷凝管、集液瓶等。

(9)温度分别升高到 500 ℃、600 ℃、700 ℃、800 ℃,重复实验步骤(1)～(8)。

5.原始数据记录表

参考表 5-5 记录实验数据。

表 5-5　不同温度下产气量记录(单位:mL/h)

记录时间:　年　月　日　　记录人:　　　　　载气流量:　　　　　水蒸气流量:

实验序号	1	2	3	4	5
反应温度	400 ℃	500 ℃	600 ℃	700 ℃	800 ℃
恒温后 15 min					
恒温后 30 min					
…					
恒温后 120 min					

6.注意事项

(1)实验前需仔细检查装置气密性,漏气会直接影响实验结果。

(2)不同原料产气率不同,应根据实际情况调节载气流量和水蒸气流量。

(3)换气袋时需佩戴好口罩,避免异味刺激。

(4)炉温升高后要避免靠近及接触炉体,实验结束后确保炉温降至室温方可打开炉体。

7.思考题

(1)气化和热解的区别有哪些?

(2)不同气化剂的作用有什么异同?

(3)分析不同气化温度对产气率的影响。

(4)如对收集的气体进行了气相色谱分析,试分析不同气化温度对产气成分的影响。

实验五　固体废物水热处理实验

1.实验目的

(1)了解固体废物水热反应的过程和原理。

(2)掌握水热炭化的操作特点及影响水热炭化结果的主要因素。

2.实验原理

水热处理过程是生物质在热压水中进行重整的热化学转化过程。目前,水热处理已经被广泛应用于从高含水率生物质和有机废物中回收燃料和化学物质。根据水热条件的强烈程度和处理目标的不同,水热处理通常可以划分为水热炭化、水热液化和水热气化三种不同的处理方式。

水热液化是指在亚临界或超临界(水)的条件下,即温度约为 200~370 ℃和压力约为 4~20 MPa,使生物质转化成烃类(生物柴油)的热化学转化过程,其产物主要包括四部分:生物柴油、水溶液、焦炭和气体。

水热气化是指生物质在超临界(水)的条件下,使生物质转化成富含 H_2 和 CH_4 的可燃气体的热化学转化过程。依据水热气化条件和主要气体产物,水热气化可以划分成以下三类。

(1)水相重整:在 215~265 ℃的条件下,生物质中的有机组分在 Pt、Ni、Ru 等异相催化剂下主要产生 H_2 和 CO_2。

(2)近临界催化气化:在 350~400 ℃的条件下,生物质中的有机组分在异相催化下主要产生 CH_4 和 CO_2。

(3)超临界水气化:生物质中的有机组分在无需添加催化剂的条件下主要被气化成 H_2 和 CO_2,但负载催化剂可以降低反应温度,在更高温度下可以实现生物质的完全气化。

水热炭化是指在较为温和的水热条件($T<250$ ℃,$P<4$ MPa)下,促使生物质主要转化为炭质类固体产品的热化学转化过程,伴随产生的副产物主要为液态水分(包含部分溶解性 TOC)和少量气体(主要为 CO_2)。在水热炭化过程中,生物质中的 H 和 O 元素含量显著降低并转化成 CO_2 和 H_2O,水热炭化程度越高,固体产品中的 C 元素含量就越高。

水热炭化处理可以使生物质转化为固体燃料(类似于褐煤)或作为土壤改良剂以增加土壤肥力以及合成功能性炭材料,被认为是一种非常具有发展前途的处理技术。

影响水热炭化过程的因素主要包括水分环境、水热温度、水热停留时间、环境压力和 pH 值等。

3. 实验设备与试剂

(1)实验装置:高压水热反应釜。

(2)水热原料:生物质类废物(如玉米芯)。

(3)使用仪器与试剂:真空泵、烧杯、鼓风干燥箱、电子天平、量筒、胶头滴管等。

4. 实验步骤

4.1 探究水热温度对水热炭化的影响

(1)称取适量样品,加入到水热釜釜体中,同时加入适量去离子水(保证水和样品的体积占到容器容量的 50%~80%),密封后抽真空。

(2)按实验要求对水热釜进行预充压,使用气体为 N_2,最终系统压力=水热温度下对应的饱和蒸汽压+水热温度下的充压,保证最终系统压力为 4 MPa。

(3)将充压完成的反应釜釜体安装至反应器上,采用电加热的方式进行加热至最终水热温度,水热停留时间统一设置为 60 min。

(4)反应结束后,降温至室温,收集水热反应后的水热液、水热渣和水热气。

(5)将水热渣在(105±5)℃的温度下烘干至恒重,并称重,分析不同温度下水热渣质量变化。

(6)改变水热温度重复上述步骤,温度梯度设置为 180 ℃、200 ℃、220 ℃。

4.2 探究水热压力对水热炭化的影响

(1)称取适量样品,加入到水热釜釜体中,根据样品含水率加入适量水(保证水和样品的体积占到容器容量的 50%~80%),密封后抽真空。

(2)按实验要求对水热釜进行预充压,使用气体为 N_2,最终系统压力=水热温度下对应的饱和蒸汽压+水热温度下的充压。

(3)将充压完成的反应釜釜体安装至反应器上,采用电加热的方式进行加热至最终水热温度 200 ℃,水热停留时间统一设置为 60 min。

(4)反应结束后,降温至室温,收集水热反应后的水热液、水热渣和水热气。

(5)将水热渣在(105±5)℃的温度下烘干至恒重,并称重,分析不同温度下水热渣的质量变化。

(6)改变水热压力重复上述步骤,压力梯度设置为 3 MPa、4 MPa、5 MPa。

5.实验结果与分析

根据实验过程的数据记录,对固体废物水热反应前后形态变化进行比较,同时分析不同的水热温度和水热压力对最终水热渣质量的影响,完成实验报告,并对实验结果进行讨论,分析误差产生原因,并提出实验改进意见与建议。

6.思考与讨论

(1)水热技术的分类与特点。
(2)水热技术的优缺点有哪些?
(3)影响水热炭化产物的因素有哪些?

本章参考文献

[1]宋立杰,赵天涛,赵由才. 固体废物处理与资源化实验[M]. 北京:化学工业出版业,2008.

[2]边炳鑫,张鸿波,赵由才. 固体废物预处理与分选技术[M]. 北京:化学工业出版社,2005.

[3]刘良栋,陈娟. 固废处理工程技术[M]. 武汉:华中师范大学出版社,2009.

[4]任连海,田媛. 城市典型固体废物资源化工程[M]. 北京:化学工业出版社,2009.

[5]蒋建国. 固体废物处置与资源化[M]. 北京:化学工业出版社,2013.

[6]李爱民,李延吉. 固体废物在固定床式热解炉内热解产气特性的实验研究[J]. 环境工程学报,2003,4(4):4-10.

[7]李建芬. 生物质催化热解和气化的应用基础研究[D]. 武汉:华中科技大学,2007.

[8]江娟，孙蔚旻. 全自动热量计在固体废物热值测定中的应用[J]. 分析仪器，2004 (4):46－47.

[9]陶明涛，张华. 污泥水热处理技术及其工程应用[J]. 环境与发展，2012，25(3):211－214.

[10]麻红磊. 城市污水污泥热水解特性及污泥高效脱水技术研究[D]. 杭州:浙江大学，2012.

[11]李向辉. 废塑料热解机理及低温热解研究[J]. 再生资源与循环经济，2011，4(6):37－41.

[12]张雪，白雪峰，赵明. 废塑料热解特性研究[J]. 化学与粘合，2015，37(2):107－110.

[13]黄菊文，贺文智，李光明，等. 电子废物处理与资源化实验的研究与实践[J]. 实验室科学，2012，15(5):84－87.

[14]黄菊文，贺文智，李光明，等. 电子废物气流分选教学实验装置研制[J]. 实验室研究与探索，2014，33(3):63－65.

[15]孙路石. 废弃印刷线路板的热解机理及产物回收利用的实验研究[D]. 武汉:华中科技大学，2004.

[16]Sutton D, Kelleher B, Ross J R h. Review of literature on catalysts for biomass gasification[J]. Fuel Processing Technology, 2001, 73(3):155－173.

[17]Guan G Q, Kaewpanha M, Hao X G, et al. Catalytic steam reforming of biomass tar: prospects and challenges[J]. Renewable & Sustainable Energy Reviews, 2016, 58:450－461.

[18]Jiang Z L, Meng D W, Mu H Y, et al. Study on the hydrothermal drying technology of sewage sludge[J]. 中国科学:技术科学，2010，53(1):160－163.

[19]Xu X, Jiang E. Treatment of urban sludge by hydrothermal carbonization[J]. Bioresour Technol, 2017, 238:182－187.

[20]Qiao W, Wang W, Wan X, et al. Improve sludge dewatering performance by hydrothermal treatment[J]. Journal of Residuals Science & Technology, 2010, 7(1):7－11.

第六章　危险固体废物的鉴别与处理实验

第一节　危险固体废物的鉴别与处理基础实验

"危险废物"是指列入国家危险废物名录或者根据国家规定的危险废物鉴别标准或鉴别方法认定的具有危险特性的废物。危险废物具有腐蚀性、急性毒性、浸出毒性、反应性、传染性。

固体废物的有害特性主要有以下几个方面。

(1)急性毒性。能引起小白鼠在 48 小时死亡半数以上者,以半致死剂量评价毒性大小。

(2)易燃性。含闪点低于 60 ℃的液体,经摩擦或吸湿和自发的变化具有着火倾向的固体,着火时燃烧剧烈和持续。

(3)腐蚀性。含水废物或本身不含水但加入定量的水后的浸出液 pH≤2 或 pH≥12.5 的废物;或最低温度为 55 ℃,对钢制品的腐蚀深度大于 0.64 cm/a 的废物。

(4)反应性。具有下列特性之一者:①不稳定,在无爆震时就很容易发生剧烈变化;②能和水剧烈反应;③能和水形成爆炸性混合物;④和水混合会产生毒性气体、蒸汽或烟雾;⑤在有引发源火加热时能产生爆震或爆炸;⑥在常温常压下易发生爆炸或爆炸性反应;⑦根据其他法规所规定的爆炸品。

(5)浸出毒性。按规定的浸出程序,对固体废物进行浸出实验,浸出液中有一种或一种以上的有害成分的浓度超过鉴别标准值的物质。

实验一　危险废物样品的制备(1):翻转法

1.实验目的

掌握利用翻转法制备样品浸出液的方法和适用范围。

2.实验原理

固体废物浸出毒性翻转式浸出方法,适用于固体废物中无机污染物、氰化物、硫化物等不稳定污染物除外的浸出毒性鉴别,也适用于危险废物储存、处置设施的环境影响评价。

每批样品(最多 20 个样品)至少做一个浸出空白,至少做一个加标回收样品;对每批滤膜均应做吸收或溶出待测物实验;在浸提过滤过程中,每个浸提容器中的液相部分必须全部通过过滤装置,并且必须收集全部滤出液,摇匀后分析用。样品必须在保存期内完成浸出毒性实验和分析测定。做浸出实验的每批样品,按照浸出程序做平行双样率不得低于 20%。浸出空白、加标样品、平行双向测得的结果不得大于方法规定的允许差。填写好浸出试样记录,保存全部质量控制资料,以备查阅或审查。

3. 实验材料

3.1 仪器

(1)浸提容器:1 L 具有密封塞高型聚乙烯瓶(对于大批量样品做浸出毒性实验时可利用大的具有密封塞的比色管作为浸提容器)。

(2)浸提装置:转速为(32±2) r/min 的翻转式搅拌机。

(3)浸提剂:去离子水或等浓度的蒸馏水。

(4)滤膜:0.45 μm 的微孔滤膜或中速蓝带定量滤纸。

(5)过滤装置:加压过滤装置或真空过滤装置,对于难过滤的废物也可采用离心分离装置。

3.2 浸提条件

(1)试样干基质量为 70.0 g。

(2)固液比为 1∶10。

(3)翻转频率为(32±2) r/min。

(4)搅拌浸提时间为 18 h。

(5)静置时间为 30 min。

(6)实验温度为室温。

4. 实验步骤

(1)制样:按正确程序进行固体废物样品的采集和制样,将样品制成 5 mm 以下粒度的试样。

(2)水分测定:根据废物的含水量情况,称取 20~100 g 样品,在预先干燥恒重的有盖容器中(注意容器的材料必须与废物不发生反应),于 105 ℃下烘干,恒重至 0.01 g,计算废物含水率。进行水分测定后的样品,不得用于浸出毒性实验。

(3)称取干基质量为 70.0 g 置于 1 L 浸提容器中加入 700 mL 浸提剂,盖紧盖后固定在翻转式搅拌机上,调节转速为(32±2) r/min,在室温下翻转搅拌浸提 18 h 后取下浸提容器,静置 30 min,于预先安装好滤膜(或者滤纸)的过滤装置上过滤。收集全部滤出液,即为浸出液,摇匀后供分析用。如果不能马上进行分析,则浸出液按各待测组分的分析方法中规定的保存方法进行保存。

5. 实验数据与处理

(1)如果样品的含水率不小于 91% 时,则该样品直接过滤,收集其全部滤出液,供分析用。

(2)如果样品的含水率较高但小于 91% 时,则在浸出实验时根据样品中的含水量,补加或按规定的固液比计算与所需浸提剂量相差的浸提剂后,再按实验步骤进行。

(3)本方法用于危险废物储存、处置设施的环境影响评价时,应根据当地的降水、地表径流及地下水的水质和水量选择相应 pH 值的浸取剂,步骤同上。

实验二　危险废物样品的制备(2):水平振荡法

1. 实验目的

掌握固体废物中有害物质的浸出方法。本方法是固体废物的有机污染物浸出毒性浸提方法的浸出程序及其质量保证措施,适用于固体废物中有机物污染的浸出毒性鉴别与分类。

2. 实验原理

当样品粒径在 5 mm 以下,浸提容器为 2 L 具有密封塞的广口聚乙烯瓶(当对于大批量样品做浸出毒性实验时可利用大的具有密封塞的比色管作为浸提容器),浸提剂为去离子水或用等浓度的蒸馏水。当采用 0.45 μm 的微孔滤膜或中速蓝带定量滤纸时,也适用于固体废物中无机污染物的浸出毒性鉴别分析。

3. 实验材料

3.1 仪器

(1)浸提容器:2 L 具密封塞高型聚乙烯瓶(对于大批量样品做浸出毒性实验时可利用大的具有密封塞的比色管作为浸提容器)。

(2)浸提装置:频率可调的往复式水平振荡器。

(3)过滤装置:加压过滤装置或真空过滤装置,对于难过滤的废物也可采用离心分离装置。

3.2 试剂

(1)浸提剂:选择合适的浸提剂。称取样品 5.0 g 于 50 mL 烧杯中,加入 96.5 mL 蒸馏水,搅拌 5 min,测 pH 值。若 pH<5,则选用 1 号浸提剂;若 pH>5,则加入 3.5 mL 1.0 mol/L 的盐酸溶液,混合后,加热至 50 ℃,维持 10 min,冷至室温测量其 pH 值。若 pH<5,则选用 1 号浸提剂;若 pH>5,则选用 2 号浸提剂。

浸提剂的配制方法如下。

1 号浸提剂:在 500 mL 蒸馏水中加入 5.7 mL 冰醋酸及 1.0 mol/L 氢氧化钠溶液 64.5 mL,然后将总体积稀释至 1 L,其 pH=4.93±0.05。

2 号浸提剂:将 5.7 mL 冰醋酸用蒸馏水稀释至 1 L,其 pH=2.88±0.05。

(2)滤膜:0.8 μm 的微孔滤膜或中速蓝带定量滤纸。

3.3 浸出条件

(1)试样干基质量为 100.0 g。

(2)固液比为 1:10。

(3)翻转频率为(110±10) r/min,振幅为 40 mm。

(4)振荡浸提时间为 8 h。

(5)静置时间为 16 h。

(6)实验温度为室温。

4. 实验步骤

(1)制样:按正确程序进行固体废物样品的采集和制样,将样品制成 9 mm 以下粒度的试样。

(2)水分测定:根据废物的含水量情况,称取 20~100 g 样品,在预先干燥恒重的具盖容器中(注意容器的材料必须与废物不发生反应),于 105 ℃下烘干,恒重至 +0.01 g,计算废物含水率。进行水分测定后的样品,不得用于浸出毒性实验。

(3)称取干基质量为 100.0 g 置于 2 L 浸提容器中,加入 1 L 浸提剂,盖紧盖后固定在往复式水平振荡器上,调节频率为(110±10) 次/min,在室温下振荡浸提 8 h,静置 16 h 后取下浸提容器,于预先安装好滤膜(或者滤纸)的过滤装置上过滤。收集全部滤出液,即为浸出液,摇匀后供分析用。如果不能马上进行分析,则浸出液按各待测组分分析方法中规定的保存方法进行保存。

5. 实验数据与处理

(1)如果样品的含水率不小于 91% 时,则该样品直接过滤,收集其全部滤出液,供分析用。

(2)如果样品的含水率较高但小于 91% 时,则在浸出实验时根据样品中的含水量,补加或按规定的固液比计算与所需浸提剂量相差的浸提剂后,再按实验步骤进行。

(3)本方法用于危险废物储存、处置设施的环境影响评价时,应根据当地的降水、地表径流及地下水的水质和水量选择相应 pH 值的浸取剂,步骤同上。

实验三 危险废物的易燃性鉴别

1. 实验目的

本实验的目的是掌握通过测定闪点鉴别固体废物易燃性的方法。

2. 实验原理

鉴别易燃性的方法是测定闪点。本方法采用闭口杯在规定条件下加热到试样与空气的混合气接触火焰发生闪火时的最低温度,称为闭口杯法闪点。

3. 实验材料

闭口闪点测试仪、温度计、防护屏。

4.实验步骤

（1）试样水分超过 0.05％时，必须脱水。脱水处理是在试样中加入新煅烧并冷却的食盐、硫酸钠和无水氯化钙。试样闪点估计低于 100 ℃时不必加温，闪点估计高于 100 ℃时，可以加热到 50～80 ℃。脱水后，取试样的上层澄清部分供实验用。

（2）油杯要用无铅汽油洗涤，再用空气吹干。

（3）试样加入油杯时，试样和油杯的温度都不应高于试样脱水的温度。杯中试样要装满到杯中标记处，然后盖上清洁、干燥的杯盖，插上温度计，并将油杯放在空气浴中。试样闪点低于 50 ℃时，应预先将空气浴冷却到室温。

（4）将点火器的灯芯或煤气引火点燃，并将火焰调整到接近球形，其直径为 3～4 mm。使用灯芯的点火器之前，应向点火器中加入轻质润滑油作为燃料。

（5）用检定过的气压计，测出实验时的实际大气压。

（6）闪点测定：闪点测定器要放在避风和较暗的地方，以便观察闪火。为了更有效地避免气流和光线的影响，闪点测定器应围着闪光屏。

①按标准要求加热试样至一定温度。

②停止搅拌，每升高 1 ℃点火一次。

③试样上方刚出现蓝色火焰时，立即读出温度计上的温度值，该值即为测定结果。

5.实验数据与处理

将原始数据记录于表 6-1 中。

表 6-1　原始数据记录表

序号	实际大气压/Pa	闪点温度/℃
1		
2		
3		

6.注意事项

（1）在室温下呈固态，在稍高温度下呈流动状态的物料，仍可用上述方法测量其燃点。

（2）对污泥状样品，可取上层试样和搅拌均匀的试样分别测量，记录闪点较低者。

（3）对于在较高温度下仍呈固态的废物，可以参考反应物废物摩擦感度的测定方法进行鉴别。

7.思考题

（1）本实验中防护屏有何作用？

(2)大气压高于 1.03×10^5 Pa 时,如何对闪点进行修正?

实验四　危险废物的腐蚀性鉴别

1. 实验目的

本实验的目的在于用 pH 玻璃电极法(pH 值的测定范围为 0～14)测定废物的 pH 值,以鉴别其腐蚀性。本实验方法适用于固态、半固态固体废物的浸出液和高浓度液体的 pH 值的测定。

2. 实验原理

测试方法有两种:一种是测定 pH 值,另一种是测定 55.7 ℃以下对钢制品的腐蚀率。这里只介绍 pH 值的测定。

用玻璃电极为指示电极,饱和甘汞电极为参比电极组成电池。在 20 ℃条件下,氢离子活度将变化 10 倍,使电动势偏移 59.16 mV。许多 pH 计上有温度补偿装置,可以校正温度的差异。为了提高测定的准确度,标准仪器选用的标准缓冲溶液的 pH 值应与试样的 pH 值接近。消除干扰方法如下。

当废物浸出液的 pH 值大于 10 时,纳差效应对测定有干扰,宜用低(消除)钠差电极,或者用与浸出液的 pH 值接近的标准缓冲溶液进行校正。

电极表面被油脂或者粒状物质玷污会影响电极的测定,可用洗涤剂清洗,或用 1+1 的盐酸溶液消除尽残留物,然后用蒸馏水冲洗干净。

由于在不同的温度下电极的电势输出不同,温度变化也会影响到样品的 pH 值。因此必须进行温度补偿。温度计与电极应同时插入待测溶液中,在报告测定的 pH 值时应同时报告测定时的温度。

3. 实验材料

3.1 仪器

混合容器:容积为 2 L 的带密封塞的高压聚乙烯瓶。

振荡器:往复式水平振荡器。

过滤装置:纤维滤膜孔径为 $\phi 0.45$ μm。

pH 计、磁力搅拌器以及用聚四氟乙烯或者聚乙烯等塑料包裹的搅拌棒。

3.2 试剂

一级标准缓冲剂的盐,在很高准确度的场合下使用。由这些盐制备的缓冲溶液需要低电导的、不含二氧化碳的水,而且这些溶液至少每月更换一次。二级标准缓冲剂的盐,可用国家认可的标准 pH 缓冲溶液,用低导电率(低于 2 uS/cm)并除去二氧化碳的水配置。

4. 实验步骤

4.1 浸出液的准备

(1)称取 100 g 试样(以干基记,固体试样风干、磨碎后应能通过 $\phi5$ mm 的筛孔),置于浸取用的混合容器中,加水 1 L(包括试样的含水量)。

(2)将浸取用的混合容器垂直固定在振荡器上,振荡频率调节为 (110 ± 10) 次/min,振幅为 40 mm,在室温下震荡 8 h,静置 16 h。

(3)通过过滤装置分离固液相,滤后立即测定滤液的 pH 值。如果固体废物中固体的含量小于 0.5%,则不经过浸出步骤,直接测定溶液的 pH 值。

4.2 pH 值的测定

(1)按仪器的使用说明书做好测定的准备。

(2)如果样品和标准溶液的温差大于 2 ℃,测量的 pH 值必须校正。可通过仪器带有的自动或手动补偿装置进行,也可预先将样品和标准溶液在室温下平衡达到同一温度。记录测定的结果。

(3)宜选用与样品的 pH 值相差不超过 2 个 pH 单位的两个溶液(两者相差 3 个 pH 单位)标准仪器。用第一个标准溶液定位后,取出电极,彻底冲洗干净,并用滤纸吸去水分,再浸入第二个标准溶液进行校核。校核值应在标准的允许范围内,否则就该检查仪器、电极或标准溶液是否有问题。当校核无问题时,方可测定样品。

(4)如果现场测定含水量高、呈流态状的稀泥或浆状物料(如稀泥、薄浆)等的 pH 值,则电极可直接插入样品,其深度适当并可移动,保证有足够的样品通过电极的敏感元件。

(5)对粘稠状物料应先离心或过滤后,测其溶液的 pH 值。

(6)对粉、粒、块状物料,取其浸出液进行测定。将样品或标准溶液倾倒入清洁烧杯中,其液面应高于电极的敏感元件,放入搅拌子,将清洁干净的电极插入烧杯中,以缓和、固定的速率搅拌或摇动使其均匀,待读数稳定后记录其 pH 值。反复测定 2~3 次直到其 pH 值变化小于 0.1 个 pH 单位。

5. 实验数据与处理

将原始数据填入表 6-2 中。

表 6-2 原始数据记录表

	样品 1	样品 2	样品 3
pH 值			
算术平均值			

(1)每个样品至少做 3 个平行实验,其标准差不超过 ±0.15 个 pH 单位,取算术平均值报告实验结果。

(2)当标准差超过规定范围时,必须分析并报告原因。

（3）此外,还应说明环境温度、样品来源、粒度级配、实验过程的异常现象,特殊情况下实验条件的改变及原因等。

6.注意事项

（1）可用复合电极。新的长期未用的复合电极或玻璃电极在使用前应在蒸馏水中浸泡24 h以上。用水冲洗干净,浸泡在水中。

（2）甘汞电极的饱和氯化钾液面,必须高于汞体,并有适量氯化钾晶体存在,以保证氯化钾溶液的饱和。使用前必须先拔掉上孔胶塞。

（3）每次测量样品前应充分冲洗电极,并用滤纸冲去水分,或用试样冲洗电极。

7.思考题

（1）用 pH 计进行溶液 pH 值测量的过程中,有哪些因素会影响测量的结果? 可以采取哪些措施来减少或消除实验误差?

（2）如果固体废物中固体的含量小于 0.5% 时,如何鉴别其腐蚀性?

实验五　危险废物浸出毒性实验

1.实验目的

掌握固体废物中有害物质的浸出方法。

2.实验原理

固体废物受到水的冲淋、浸泡,其中有害成分将会转移到水相而污染地表水、地下水,导致二次污染。浸出实验采用规定办法浸出水溶液,然后分析浸出液的有害成分。我国规定分析的项目有汞、镉、砷、铅、铜、锌、镍、锑、铍、氟化物、氰化物、硫化物、硝基苯类化合物等。

3.实验材料

2 L 具盖广口聚乙烯瓶或玻璃瓶;水平往复振荡器;0.45 μm 滤膜(水性);原子吸收分光光度计或电感耦合等离子发射光谱仪或气相色谱等。

4.实验步骤

4.1 称取试样

称取 100 g 固体,置于浸出容积为 2 L 的具盖广口聚乙烯瓶或玻璃瓶中,加水 1 L。

4.2 振荡摇匀

将瓶子垂直固定在水平往复振荡器上,调节振荡频率为(110±10)次/min,振幅为 40 mm,在室温下振荡 8 h,静置 16 h。

4.3 过滤

通过 0.45 μm 滤膜(水性)过滤,滤液按各分析项目进行保护,于合适条件下贮存备用。每种样品做两个平行浸出实验,每瓶浸出液对预测项目平行测定两次,取算术平均值报告结果。报告中还应包括被测样品的名称、来源、采集时间、样品的粒度级分配情况、实验过程的异常情况、浸出液的 pH 值、颜色、乳化和相分层情况。对于含水污泥样品,其滤液也必须同时加以分析并报告结果,说明实验过程的环境温度和波动范围、条件改变及其原因。

5. 实验数据与处理

根据检测项目的要求,参照相关分析方法进行分析测定污染物的浓度,以浓度值是否超过允许值来判断其毒害性。

6. 注意事项

需要考虑浸出液与浸出容器的相容性,在某些情况下,可用类似形状与容器的玻璃瓶代替聚乙烯瓶。

7. 思考题

何谓浸出毒性?

第二节　危险固体废物的鉴别与处理综合实验

实验六　危险废物的固化实验

1. 实验目的

有害废物的固化处理是固体废物处理的一种常用的方法。通过本实验,了解固化处理的基本原理,初步掌握固化处理有害废物的工艺过程和研究方法。

2. 实验原理

用物理-化学方法将有害废物掺合并包容在密实的惰性基材中使其达到稳定化的处理方法叫作固化处理。有害废物经固化处理后,其渗透性和溶出性均可降低,所得固化块能安全地运输和方便地进行堆存或填埋,对稳定性和强度适宜的产品还可以作为筑路基材或建筑材料使用。

本实验采用水泥为基材固化工业废渣。水泥固化的原理:水泥是一种无机胶凝材料,是以水化反应的形式凝固并逐渐硬化的,其水化生成的凝胶将有害废物包容固化,同时,由于水泥为碱性物质,有害废物中的重金属离子也可生成难溶于水的沉淀而达到稳定化。

3. 实验材料

3.1 仪器设备

台秤、天平、凝结时间测定仪、胶沙搅拌机、模具、振动台、标准养护箱、秒表、量筒、压力实验机。

3.2 实验原料

普通硅酸盐水泥、黄沙、工业废渣。

4. 实验步骤

4.1 测定水泥沙浆的标准稠度

以 114 mL 水与 400 g 水泥拌和成均匀的水泥净浆,倒入圆模中;用标准稠度与凝结时间测定仪测定试锥在水泥净浆中的下沉深度(S mm),按下式计算标准稠度用水量:$P=35.4-0.185S$;用标准稠度用水量制成标准稠度的水泥沙浆,立即一次倒入圆模中,振动刮平后放入养护箱内。

4.2 测定凝结时间

从养护箱中取出圆模放在试针下,使试针与沙浆表面接触,拧紧螺丝,然后突然松开螺丝,使试针自由插入浆体,观察指针读数。自加水时算起,到指针沉入浆体距底板 0.5～1.0 mm 时所经历的时间为初凝时间,到指针插入浆体不超过 1.0 mm 时所经历的时间为终凝时间。临近初凝时每隔 5 min 测定一次,临近终凝时每隔 15 min 测定一次。

4.3 制作水泥固化试块

按配比分别称量水泥、黄沙和工业废渣,并按标准稠度用水量计算用水量并准确量取;将全部干物料给入胶沙搅拌机,启动,15 s 后将水倒入,搅拌机按标准时间搅拌后自动停机;从搅拌机取下搅拌锅,将标准模具固定在振动台上,将搅拌后的沙浆倒入标准模具内并启动振动台;振动结束后,取下模具,用刮刀刮平,放入养护箱,24 h 后脱模。

4.4 测定水泥相关参数

(1)测定抗压强度。将水泥块养护 3～7 d 后取出,测定抗压强度。

(2)测定有毒物的渗透率及溶出率。将测定抗压强度后的粉碎物收集后,称取一定质量进行滴沥实验,计算各时期的固化块中的有毒物的渗透率及溶出率。

(3)渗漏实验。把通过 0.5 mm 孔径筛的试料装入已填好玻璃棉的玻璃管中,将蒸馏水以 12 mL/min 的流量注入装有试料的玻璃管,流入锥形瓶内,然后测定渗漏液中有毒物质的含量。

（4）水溶性实验。将粒径为 0.5～5.0 mm 的试料 10 g（含水率 85％以下），加入 pH 值为 5.8～6.3 的水 100 mL（固液比 1∶10），以 200 次/min 的频率连续震荡 1～6 h,用离心法或通过孔径 1 μm 的滤膜过滤,然后测定滤液中有害物质的含量。

5.实验数据与处理

（1）作出抗压强度与养护时间的曲线关系。
（2）测出渗滤液中有毒物质的含量,据此计算出有毒溶出率并作出其氧化时间的关系曲线。

6.思考题

做水泥固化时为什么要测定沙浆的标准稠度和凝结时间?

实验七　危险废物中废电池的综合利用

1.实验目的

（1）了解干电池的构造及工作原理。
（2）了解废旧干电池对环境的危害以及各部分的回收方法。
（3）学会设计合理的实验步骤回收利用废旧干电池的各个部分。
（4）学习除 Fe(Ⅲ)的方法。
（5）掌握无机化合物的制备、分离、提纯及检验的实验方法和技能。

2.实验原理

锌锰干电池的阳极是碳棒,阴极是锌皮。在碳棒周围填充的是石墨粉及二氧化锰的混合物,电解液是糊状物,内有 NH_4Cl、$ZnCl_2$ 和淀粉等。锌锰干电池中的锰在填充时为 MnO_2,在干电池放电时,MnO_2 发生如下反应

$$2NH_4^+ + 2e^- = 2NH_3 + H_2$$
$$2MnO_2 + H_2 = 2MnO(OH)_2$$
$$NH_4^+ + 2MnO_2 + 2e^- = 2MnO(OH) + 2NH_3$$

当锌、锰干电池的电压降至约 1.3 V 以下,电池将不能再用。但电池的构成物质还远远没有耗尽,可以从中提取有用物质。下面介绍提取锌、锰的一种方法。

NH_3 可与 $ZnCl_2$ 反应生成 $[Zn(NH_3)_4]^{2+}$ 配离子,因此在提取锰化合物时,预先将可溶性物如 NH_4Cl、$[Zn(NH_3)_4]^{2+}$ 水洗除去。MnO_2 及 $MnO(OH)$ 均是不溶于水的锰化合物,可采用适当的还原剂将不溶的高氧化态的锰化合物还原为 Mn^{2+},再由此简单盐制成复盐硫酸

锰铵。

将电池中的黑色混合物溶于水,可得到 NH_4Cl 和 $ZnCl_2$ 的混合物。根据两者溶解度(见表 6-3)的不同回收 NH_4Cl。

表 6-3　NH_4Cl 和 $ZnCl_2$ 的溶解度(单位:g/100g 水)

温度/K	273	283	293	303	313	333	353	363	373
NH_4Cl	29.4	33.2	37.2	31.4	45.8	55.3	65.6	71.2	77.3
$ZnCl_2$	3442	363	395	437	452	488	541	—	614

锌皮中含有铁杂质,必须先除铁,由于 $Zn(OH)_2$ 与 $Fe(OH)_3$ 在 pH=4 时溶解度有极大差异。$Fe(OH)_3$ 会以沉淀形式析出。因此,可先用 H_2O_2 将 Fe^{2+} 氧化成 Fe^{3+},再加过量碱后,用酸调节 pH=4,将两者分离,加入 H_2SO_4 制 $ZnSO_4$。

将锌锰干电池的未腐蚀完的锌皮洗净、烘干后,放在坩埚中,用酒精灯直接加热使锌皮熔化,用一支热滴管小心吸入溶锌,然后迅速滴入到冷水中得到锌粒。

3. 实验材料

3.1 仪器

布氏漏斗、吸滤瓶、滤纸、玻璃棒、烧杯、电炉、铁架台、蒸发皿、坩埚钳、小刀、pH 试纸、循环式水泵。

3.2 试剂

草酸、硫酸铵、H_2SO_4(6 mol/L)、NaOH(2 mol/L)、氨水(6 mol/L)、H_2O_2。

3.3 原料

废弃干电池。

4. 实验内容

4.1 回收碳棒和铜帽

小心拆开一支废干电池,取下废电池盖,用小刀除去沥青,用钳子慢慢把碳棒拔出,取下铜帽集存,可作为实验或生产 $CuSO_4$ 等化工产品的原料。

4.2 提取 NH_4Cl

用小刀把废电池外壳剥开,取出黑色物质,加水(每节电池黑色物质加水约 50 mL)搅拌溶解、抽滤。将滤液转移于蒸发皿加热蒸发,至滤液中有晶体出现时,改以小火加热,并不断搅拌,待蒸发皿中有少量母液时停止加热,冷却后得到含有少量 $ZnCl_2$ 的 NH_4Cl 晶体。若要制高纯 NH_4Cl,将得到的混合晶体转移至试管中,加热至 350 ℃使 NH_4Cl 升华,收集气体,冷凝即可得到 NH_4Cl。

4.3 提取 MnO_2

把过滤时所剩余的黑色沉淀物,用水冲洗 2~3 次,放入坩埚中,先用小火烘干,再在搅拌下用强火灼烧,以除去其中所含的碳粉和有机物,至不冒火星时,再灼烧 5～10min,冷却后即可得到 MnO_2。

4.4 回收金属锌

锌皮洗净,放在坩埚中慢慢烘干,继续加热到约 420 ℃,锌皮熔化,取一支干燥滴管,烘热后,慢慢插入溶锌中,轻轻吸取,将滴管小心移至水面上,挤压胶帽,将溶锌滴入水中,形成锌粒,冷后,从水中捞出,收集于回收瓶中。

4.5 提取 $ZnSO_4 \cdot 7H_2O$

把从废电池剥下的锌壳,用水浸洗去浆糊物质,然后加 H_2SO_4 将锌壳溶解,再加 H_2O_2 使 Fe^{2+} 氧化为 Fe^{3+},加过量的 $NaOH$,调节溶液至 pH＝8,用布氏漏斗过滤,取滤渣加 H_2SO_4 溶解,调节 pH＝4。加热,使溶液至沸,促使 Fe^{3+} 完全转化成 $Fe(OH)_3$ 沉淀,趁热过滤,弃去沉淀即可。将滤液在蒸发皿中结晶即可得到 $ZnSO_4 \cdot 7H_2O$ 固体。

4.6 制取 Mn(Ⅱ)溶液

将预处理的黑色粉末放入烧杯中,按计算量加入 6 mol/L H_2SO_4,微热后,慢慢分次加入计量的草酸,并不断搅拌,勿使产生黑色泡沫溢出杯外,待这一氧化还原反应将近结束时,进行过滤,请用很少量的水清洗烧杯,滤液为含 Mn^{2+} 的化合物溶液,渣弃之。

4.7 除溶液中的 Fe(Ⅲ)

若滤液不是 Mn^{2+} 淡粉色,而呈现黄绿色或棕黄色,表明溶液中有较多的 Fe(Ⅲ)离子,这时就应先考虑除去 Fe(Ⅲ)离子,方法同 4.5。

4.8 制取 $(NH_4)_2Mn(SO_4)_2 \cdot 2H_2O$

按计算量加入固体 $(NH_4)_2SO_4$,稍稍加热使固体盐溶解,浓缩溶液至表面出现晶膜,冷却至温室,将有 $(NH_4)_2Mn(SO_4)_2 \cdot 2H_2O$ 复盐晶体析出,过滤压干晶体,称重,计算产率。

5.思考题

(1)如何确定溶解锌皮的酸的用量?
(2)如何确定黑色混合物中的炭粉和有机物已除尽?

实验八　危险废物中 VOCs 浸出毒性分析方法

1.实验目的

掌握固废中 VOCs 浸出毒性的分析方法,熟悉气相色谱分析仪的使用。

2.实验原理

当固废样品的干固百分比小于或等于 9％时,直接通过零顶空提取器获得初始相液作为浸出液,直接进行分析;当固废样品的干固百分比大于 9％时,先收集初始相液,稀释 1.2 倍后,再采用零顶空提取法获得固体浸出液,按液固比10∶1(L/kg)计算出所需浸出提剂的体积(固体重量为通过干固百分比计算出来的样品干重),最后将得到的浸出液和初始相液混合后进行分析。

在实验过程中,先将部分固废样品还有大量与滤渣分离的初始相液,在4℃以下混匀,再取出部分均匀样品进行干固百分比的测定。实验固体废物的浸出方法参考自《固体废物浸出毒性浸出方法:硫酸硝酸法》(HJ/T299—2007),以蒸馏水作为浸提剂。

3. 实验材料

3.1 仪器

零顶空提取器(见图6-1)、浸提剂输送装置、翻转式振荡器、吹扫捕集装置、气相色谱质谱联用仪、干燥箱、天平、毛细色谱柱、微孔滤膜、玻璃注射器、玻璃表面皿等。

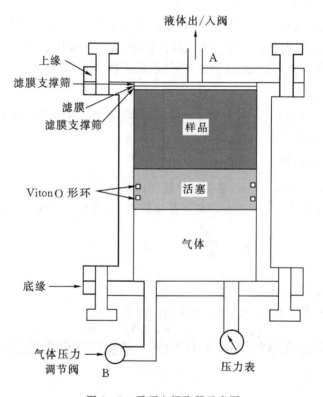

图6-1　零顶空提取器示意图

3.2 试剂

甲醇中25种VOCs混合标准液,甲醇中氘代1,2-二氯苯单标,蒸馏水。

4.实验步骤

4.1 干固百分比的测定

称取 50 g 固废样品于玻璃表面皿中,105 ℃下烘干,干固百分比为烘干后的样品重量和烘干前的样品重量的比值,以此作为选择浸提剂用量的依据。

4.2 零顶空提取

称取适量固废样品,快速转入零顶空提取器并安装好,根据样品的干固百分比计算浸提剂的用量,通过浸提剂输送装置用顶端泵提取器缓慢从下方进气口以高纯氮气施加压力直到零顶空状态,将提取器固定在翻转震荡器上以 30 r/min 转速在室温下振荡 18 h,振荡完成后,取出提取器,将 500 mL 气密式玻璃注射器接在提取器顶端,打开此处阀门开关收集浸出液,并将浸出液转入 40 mL 棕色螺口玻璃瓶,4 ℃密封保存。

4.3 气相色谱质谱联用仪分析

(1)吹扫捕集。吹扫气和解吸气均为高纯氮气;进样量 25 mL;传输线和阀温度均为 150 ℃;样品固定区域温度 90 ℃;吹扫准备温度 45 ℃;冷凝器准备温度 40 ℃;冷凝器吹扫温度 20 ℃;吹扫温度为室温(先不加热);吹扫气流速 40 mL/min;吹扫时间 11 min;干吹时间 1 min;干吹温度 40 ℃;干吹流速 200 mL/min;脱附预热温度 245 ℃;脱附温度 250 ℃;脱附时间 2 min;脱附气流速 300 mL/min;烘烤温度 270 ℃;烘烤时间 2 min;烘烤气流速 400 mL/min;冷凝器烘烤温度 175 ℃。

(2)气相色谱条件。载气为氦气;进样口温度 250 ℃;载气流速 1 mL/min;分流比 20∶1;升温程序:初温 35 ℃保持 2 min,以 5 ℃/min 升至 120 ℃,再以 10 ℃/min 升至 220 ℃,保持 2 min。

(3)质谱条件。EI 电离方式;电子能 70 eV;全扫描测定方式的扫描范围为 35~300 amu;离子源温度 230 ℃;四极杆温度 150 ℃;传输线温度为 230 ℃;用全扫描方式对样品中目标物进行扫描得到总离子流图(TIC 图),然后根据保留时间和质谱图确定待测化合物,选择离子检测方式(SIM)对特定化合物进行定量分析。

4.4 浸出效率

本实验用某塑料加工厂的同一固体废物平行制备三份固废样品,分别加入 10 μg/mL 的 VOCs 混标,并在 4 ℃以下放置过夜,按 4.2 和 4.3 步骤完成浸出和分析过程,得到 VOCs(《危险废物鉴别标准浸出毒性鉴别》规定了限值的项目)的浸出效率。

5.实验数据与处理

将实验所得数据填入表 6-4 中。

表 6-4 某样品中 VOCs 的浸出效率

目标化合物	1	2	3	浸出效率平均值	RSD/%

6. 思考题

零顶空提取过程中应该注意哪些问题？

实验九 水泥固化对炼油废渣土样浸出液毒性的影响

1. 实验目的

在地下水侵蚀或经酸雨淋洗后,经水泥固化/稳定化后的工业炼油废渣污染土中的有害组分有可能向周围环境滤出,再次污染环境,因此,需对固化/稳定化后的废物进行有效的测试。污染土的浸出毒性测试是评价 S/S 法评价效果的一项重要指标。

2. 实验原理

工业炼油废渣污染土中有害组分的浸出决定于污染土的内在性质以及该地的水文条件和地球化学性质,影响固化体中有毒有害物质浸出的因素有固化体性质、颗粒物大小、溶液性质和接触时间等。实验室数据在最好的情况下也只能模拟现场形式处于理想静态(条件位于某时的一个点)或情况最复杂的现场条件下的情况。浸出实验可以用来比较各种固化/稳定化过程的效果,但是还不能证明它们可以确定废物的长期浸出行为。

本实验研究了工业炼油废渣污染土的浸出毒性,主要研究土样中的苯、铅、镉、铬、硫化物、酚、化学需氧量 COD、pH 值、有机物相对含量等固化前后的变化。按照国家标准对土质重金属浸出毒性的标准规定,对原状土样和固化后的土样进行测定。利用原子吸收光谱分析法(AAS)测定土样中的 Pb、Cd、Cr 3 种金属元素含量,利用索氏提取器测量有机物及其他挥发性物质的含量。

TOC:在加热条件下,用一定量的重铬酸钾硫酸溶液氧化土壤有机碳,多余的重铬酸钾则用硫酸亚铁溶液滴定,以实际消耗的重铬酸钾量计算出有机碳的含量,再乘以常数 1.724,即为土壤有机质含量,其反应方程式如下

$$2K_2Cr_2O_7 + 3C + 6H_2SO_4 = 2K_2SO_4 + Cr_2(SO_4)_3 + 3CO_2 + 8H_2O$$

$$K_2Cr_2O_7 + 6FeSO_4 + 7H_2SO_4 = K_2SO_4 + Cr_2(SO_4)_3 + 3Fe_2(SO_4)_3 + 7H_2O$$

3. 实验材料

原子吸收分光光度计、油浴锅、pH 计。

4. 实验步骤

4.1 测定污染土样性质

具体实验方法见第一章实验二、实验五,第六章实验五及土壤质量国标(GB/T23739—2009)。

4.2 制备浸出液

分别掺杂水泥量为2％、6％、8％、12％、16％和20％到污染土样中,养护一个月后,制备不同水泥掺杂量的土样浸出液。

4.3 加固化剂后样品性质分析

根据中国 2010 年颁布的新的标准《危险废物鉴别标准:水平振荡法》(HJ 557—2010),测定样品各指标。

5. 实验数据与处理

根据表 6-5、表 6-6 的实验数据,分析各指标随不同掺杂比的关系。

表 6-5 原始炼油污染土样的测定

名称	pH	TOC	Pb	Cd	Cr
土样					

表 6-6 掺杂不同比例的水泥与浸出液的性质分析

项目	pH	TOC	Pb	Cd	Cr
2％					
6％					
8％					
12％					
16％					
20％					

6.思考题

掺杂的固化剂本身对浸出性质有无影响？

本章参考文献

[1]刘彬,李爱民,贺小敏.固体废物中 VOCs 浸出毒性分析方法研究[J].环境科学与管理, 2015,11(40):134－137.

[2]段华波,王琪,黄启飞,等.危险废物浸出毒性实验方法的研究[J].环境监测管理与技术, 2006,1(18):8－11.

[3]刘光全.铬的浸出毒性实验方法研究[J].环境污染与防治,2000,22(4):12－15.

[4]王硕,杨倩倩,赵庆良,等.污泥重金属提取剂浸提效率及经济性分析[J].化工进展,2015, 34(11):4079－4083.

[5]吴芳,罗爱平,李楠.含重金属水处理污泥的固化和浸出毒性研究[J].环境污染治理技术 与设备,2003,12(4):40－43.

[6]周建飞.制革污泥热处理过程铬的形态转化及迁移规律[D].成都:四川大学,2014.

[7]高国瑞.水泥固化/稳定化工业炼油废渣污染土的实验研究[D].兰州:兰州交通大学,2016.

[8]刘峰,孙思修,王鲁昕,等.对用于危险废物鉴别的几种浸出方法对比研究[J].环境科学研究(增刊),2005(18):23－26.

第七章 固体废物的填埋

第一节 填埋垃圾的组成及特征分析基础实验

实验一 填埋垃圾样品的采集与制备

1.实验目的

采集固体废物样品,用于性质分析,为填埋工艺参数选择和过程控制提供数据支撑。

2.实验原理

立体对角线法取样确保采集样品的随机性和代表性,四分法分样保证待测样品的均匀性。

3.样品采集与制备

(1)采样工具准备:铁锹、锤子、剪刀、锯等若干;采样袋(可用常规垃圾袋代替)若干。

(2)样品采集:在混合城市固体废物采样点(如某垃圾填埋场或垃圾中转站),采集当日收运的垃圾车卸下的固体废物,采用立体对角线布点法在3个等距点分别采集物料20 kg以上(见图7-1)。将采集的样品充分混匀,然后制备成混合样,共100～200 kg。

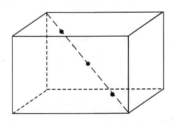

图7-1 立体对角线布点法

(3)样品的破碎:对灰土、砖瓦、陶瓷类废物,先用手锤将大块敲碎,然后用粉碎机或其他粉碎工具进行粉碎;对动物、纸类、纺织物、塑料等废物,用剪刀剪碎。粉碎后样品的大小,依据分析项目确定。

(4)四分法取样:将各样品充分混合均匀后,堆为一堆,从正中划"十"字,再将"十"字的对角两份分出来(另外两份作为待测样品),混合均匀再从正中划"十"字,这样取样直至所取样品质量达到测试所需为止。

4. 思考题

试讨论垃圾分类回收对于资源再生的意义？

实验二　垃圾的基本组成与容重的测定

1. 实验目的

掌握垃圾的组成成分和容重测定方法。通过测试掌握垃圾的组成和容重，为后续处理与处置工艺的选择提供依据。

2. 实验原理

我国大多数城市生活垃圾为混合收集，垃圾组成包含有机物（动、植物残体）、无机物（砖瓦、陶瓷、灰土）、可回收物资（纸、玻璃、金属等）等，因此可根据各组成物料属性不同加以分离测试。

3. 组成分析

（1）样品烘干与保存：称取 10 kg 固体废物样品，置于干燥的搪瓷盘内，放入干燥箱中，在（105±5）℃下烘干 4～8 h，取出放到干燥器中冷却 0.5 h 后称重，重复烘 1～2 h，冷却 0.5 h 后再称重，直至恒重（2 次称重之差不超过试样质量的 0.5%）。将烘干后样品按四分法均匀取样，称量 1 kg，放在干燥器中保存。

（2）样品分拣与组成测试：将以上样品按照表 7－1 所示的分类进行分拣，并分别称重，即为各组分在 1 kg 混合样品中的质量。

表 7－1　垃圾分拣

有机物		无机物		可回收物							其他	混合
动物	植物	灰土	砖瓦、陶瓷	纸类	塑料、橡胶	纺织物	玻璃	金属	木竹		其他	混合

4. 容重分析

固体废物（垃圾）容重的分析步骤如下。

（1）将按照实验一采集的混合样品不经过破碎处理，装满有效高度为 1 m、容积为 100 L 的硬质塑料桶，稍加振动但不压实，称取并记录质量，重复 2～4 次。

（2）计算样品的容重

$$垃圾容重(kg/m^3) = \frac{1000}{称量次数} \sum \frac{每次称重质量(kg)}{样品体积(m^3)}$$

5. 思考题

(1)根据实验结果,讨论本次采集垃圾的特性。

(2)通过文献查阅,比较本地垃圾与其他城市垃圾组成的异同?

(3)对于本地垃圾的资源化再利用有哪些建议?

实验三　填埋垃圾渗滤液化学需氧量(COD)和生化需氧量(BOD)的测定

1. 化学需氧量(COD)的测定

1.1 实验目的

化学需氧量(chemical oxygen demand,COD)是表征垃圾渗滤液有机质含量的指标,对于垃圾渗滤液有机质含量的判断、处理工艺选择和处理过程监控均具有指导意义。

1.2 实验原理

化学需氧量(COD)是指在一定的条件下,用强氧化剂处理物料时所消耗氧化剂的量。COD 反映了样品中还原性物质的含量。在强酸性溶液中,准确加入过量的重铬酸钾标准溶液,加热回流,将水样中还原性物质(主要是有机物)氧化,过量的重铬酸钾以试亚铁灵作指示剂,用硫酸亚铁铵标准溶液回滴,根据所消耗的重铬酸钾标准溶液量计算水样化学需氧量。

1.3 材料与方法

1.3.1 实验仪器设备

智能消解仪。

1.3.2 试剂配制

(1)重铬酸钾标准溶液($1/6K_2Cr_2O_7 = 0.1000$ mol/L):称取预先在 120 ℃烘干 2 h 的基准或优级纯恒重纯重铬酸钾 4.903 g 溶于水中,移入 1000 mL 容量瓶,稀释至标线,摇匀。

(2)硫酸亚铁铵标准溶液$[(NH_4)_2Fe(SO_4) \cdot 6H_2O \approx 0.1$ mol/L]:称取 39.2 g 硫酸亚铁铵溶于水中,边搅拌边缓慢加入 20 mL 浓硫酸,冷却后移入 1000 mL 容量瓶中,加水稀释至标线,摇匀。临用前,用 0.1000 mol/L 重铬酸钾标准溶液标定。标定方法:准确吸取 10.00 mL 重铬酸钾标准溶液于 500 mL 锥形瓶中,加水稀释至 110 mL 左右,缓慢加入 30 mL 浓硫酸,摇匀,待冷却后,加入 3 滴试亚铁灵指示液(约 0.15 mL),用硫酸亚铁铵溶液标定,溶液的颜色由黄色到蓝绿色至红褐色即为终点。

(3)试亚铁灵指示液:称取 1.485 g 邻菲罗啉($C_{12}H_8N_2 \cdot H_2O$,1,10-phenanthnoline),0.695 g 分析纯硫酸亚铁($FeSO_4 \cdot 7H_2O$)溶于水中,稀释至 100 mL,储于棕色瓶内。

(4)消解液:称取 19.6 g 重铬酸钾,50.0 g 硫酸铝钾,10.0 g 钼酸铵,溶解于 500 mL 水中,缓慢搅拌加入 200 mL 浓硫酸,冷却后,转移至 1000 mL 容量瓶中,用水稀释至标线。该溶液重铬酸钾浓度约为 0.4 mol/L。

(5)$Ag_2SO_4 - H_2SO_4$ 催化剂:称取 8.8 g 分析纯 Ag_2SO_4,溶解于 1000 mL 浓硫酸中。

(6)掩蔽剂:称取 10.0 g 分析纯 $HgSO_4$,溶解于 100 mL 10%硫酸中(水样 Cl^- 含量高时加入掩蔽剂 1 mL)。

1.3.3 测定步骤

(1)准确吸取 3.0 mL 待测样品,置于 50 mL 带有密封盖的加热管中,加入 1 mL 掩蔽剂(若有 Cl^- 的干扰),摇匀。

(2)加入 3.0 mL 消解液和 5 mL $Ag_2SO_4 - H_2SO_4$ 催化剂,旋紧密封盖,摇匀。

(3)将消解仪按通电源,待温度达到 165 ℃,再将加热管放入消解仪中,打开计时开关,经 7 min,待液体也达到 165 ℃时,消解仪会自动复零,计时 15 min 后自动报时。

(4)取出加热管,冷却后用硫酸亚铁铵标准溶液滴定,同时做空白实验。

1.4 结果计算

根据下列公式计算 COD

$$C[(NH_4)_2Fe(SO_4) \cdot 6H_2O] = \frac{0.2500 \times 10.00}{V}$$

式中:C——硫酸亚铁铵标准溶液的浓度,mol/L;

V——硫酸亚铁铵标准滴定溶液的用量,mL。

$$COD(mg/L) = (V_0 - V_1) \times C \times 8 \times 1000 / V_2$$

式中:V_0——滴定空白样时硫酸亚铁铵标准溶液用量,mL;

V_1——滴定样品时硫酸亚铁铵标准溶液用量,mL;

V_2——水样的体积,mL;

C——硫酸亚铁铵标准溶液的浓度,mol/L;

8——$\frac{1}{2}$氧的摩尔质量,g/mol。

2. 生化需氧量(BOD)的分析

2.1 生化需氧量(BOD)

采用 BOD 测定仪对垃圾渗滤液 BOD_5 进行测定。

2.2 实验原理

把试样注入培养瓶内,同时在瓶口的吸收杯内放入二氧化碳吸收剂(NaOH),然后将培养瓶密封,置于内含电源插座的生化培养箱内,被测样品在(20±1)℃条件下恒温进行五日培养后,瓶内的水样在一定速度搅拌条件下进行生物氧化反应,微生物呼吸消耗水中的溶解氧,同时产生 CO_2,CO_2 被 NaOH 吸收后会导致瓶中的气压降低,从而可通过气压的降低程度反映 BOD_5 的大小。

2.3 实验材料与方法

2.3.1 实验仪器

(1)BOD TECH - 8/12 直读式 BOD 测定仪一套,如图 7-2 所示。

(2)1000 mL 容量瓶若干,天平,烧杯若干。

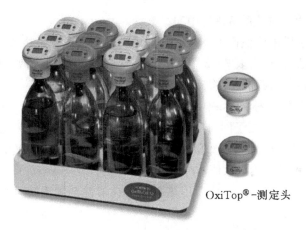

OxiTop®-测定头

图 7-2 TECH-8/12 直读式 BOD 测定仪

2.3.2 实验试剂

营养液浓度和配制方法如下。

(1)磷酸盐缓冲溶液:将 8.5 g 磷酸二氢钾、21.75 g 磷酸氢二钾、33.4 g 七水合磷酸氢二钠和 1.7 g 氯化铵溶于水中,稀释至 1000 mL。此溶液的 pH 值应为 7.2。

(2)硫酸镁溶液:将 22.5 g 七水合硫酸镁溶于水,稀释至 1000 mL。

(3)氯化钙溶液:将 27.5 g 无水氯化钙溶于水,稀释至 1000 mL。

(4)氯化铁溶液:将 0.25 g 六水合氯化铁溶于水,稀释至 l000 mL。

(5)5 g/L 烯丙基硫脲:称取 5 g 烯丙基硫脲定容于 1000 mL 的蒸馏水中。

2.3.3 实验步骤

(1)确定取样量。BOD 测定需要估计废水的 BOD 值,根据 BOD 值取不同体积的水,具体值见表 7-2。

表 7-2 BOD 测定取水体积表

样品量/mL	测量范围/mg·L⁻¹	ATH(5 g/L 烯丙基硫脲)滴	乘积系数
432	0～40	10	1
365	0～80	10	2
250	0～200	5	5
164	0～400	5	10
97	0～800	3	20
43.5	0～2000	3	50
22.7	0～4000	1	1000

注:1. ATH 用来抑制硝化菌的生长,试样中氨氮含量高时要加 ATH。

2. 乘积系数是在计算水样 BOD 时在读数值上所需乘的系数。

3. 通常情况下会选择三个测量范围进行同时测量,以防预估值不准确带来的影响。

(2)BOD 的测定。

①取 500 mL 垃圾渗滤液,在常温下静置 1～2 h,取上清液,用 0.5 mol/L 硫酸或 1.0 mol/L NaOH 调节样品 pH 值在 6.5～7.5 范围内,用量不要超过水样体积的 0.5%,如果样品的酸度或

碱度很高,可改用高浓度的碱或酸液进行中和。

②向样品中按与水样量体积比1∶1000分别投加营养物质磷酸盐溶液、三氯化铁溶液、硫酸镁溶液和氯化钙溶液,并加入表7-2中对应体积量的ATH。将预处理好的水样按照取样体积分别装入三个不同的培养瓶中,将磁子投入培养瓶中。

③在CO_2吸收杯中放入杯体容积1/3的NaOH颗粒,在瓶颈插入CO_2吸收杯,不要让NaOH颗粒掉进样品中,拧紧瓶子同时按下"S"和"M"键,直到出现"00"为止。当瓶内温度达到20℃时,仪器开始计时,每天记一个BOD值,仪器可以存储5天的BOD值,通过按"S"键来显示各天数值,按"M"键显示当天数值。

④实验完毕后用热水清洗瓶子,然后用热肥皂水或清洗剂刷洗,再用水冲净,以免残留的清洗剂会影响BOD测量。

第二节　垃圾卫生填埋过程控制综合实验

实验四　卫生填埋垃圾沉降及渗滤液变化规律评估实验

1. 实验目的

本实验目的是通过垃圾填埋模拟实验,评判垃圾沉降过程和渗滤液水质变化规律,为垃圾填埋场地设计、污染控制和治理提供依据。

2. 实验原理

卫生填埋类似于生物反应器,垃圾在填埋过程中,经厌氧发酵、有机物分解、雨水冲淋等一系列复杂的物理化学作用后,会反应生成高浓度有机废液,即垃圾渗滤液。随着填埋时间的延长,由于产物的不断排出,会导致垃圾沉降现象的发生。垃圾渗滤液具有污染负荷高、持续时间长、水质水量变化大、处理难度大等特点,若不妥善处理将造成二次污染。因此,经由垃圾填埋场底部排出的垃圾渗滤液需经处理达标后方可排放。

3. 材料与方法

3.1 实验材料

按照第一节所述的方法采样,实验材料取自当地垃圾中转站或填埋场,填埋垃圾约150 kg。

3.2 实验装置

模拟填埋实验装置如图7-3所示。圆柱形有机玻璃容器充当一个单元填埋区,其直径为0.55 m,高为1.20 m,有效填埋高度为0.90 m。

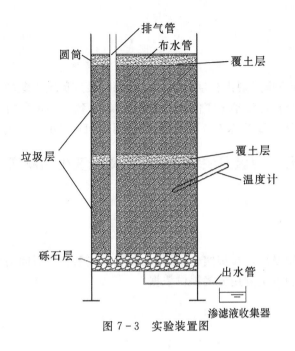

图 7 - 3　实验装置图

3.3 实验方法

(1)以尽可能接近实际填埋场的方式将所采集的实验材料填入图 7-3 所示实验装置的垃圾层。

(2)按照当地气象资料,根据年、月平均降雨量确定模拟降雨量,用实验装置中的布水管进行布水。降雨渗过土壤层流经正在进行分解作用的垃圾层,并吸收、容纳垃圾中的各种溶出物和悬浮物,最终从底部出水口流出进入渗滤液收集器。

(3)每周取渗滤液样品,对 pH 值(PHS - 3C 型酸度计)、COD(灼烧减量法)、BOD_5、氨氮进行分析。每周记录垃圾柱高度,计算本周的日平均沉降速度($cm \cdot d^{-1}$)。

4. 数据处理与分析

4.1 实验指标分析方法

垃圾渗滤液 pH 值、COD、BOD_5 和氨氮的测定方法参见本章第一节实验四。

4.2 数据处理

(1)垃圾填埋沉降特性。以时间(d)为横坐标,以沉降速度($cm \cdot d^{-1}$)为纵坐标绘制柱形图。分析填埋初期、中期及后期垃圾沉降变化特征。

(2)垃圾渗滤液属性变化。以时间(d)为横坐标,pH、COD、BOD_5,BOD/COD 和 NH_3-N 等指标为纵坐标绘制折线图,分析渗滤液性质特点及其变化规律。据此分析给出垃圾填埋场渗滤液处理系统的设计、运行和管理建议,并依据填埋场产生的垃圾渗滤液不同阶段的水质特点,给出维护渗滤液处理系统正常稳定运行的调控措施建议。

5. 思考题

(1)填埋垃圾的沉降速率呈现出初期较快、逐渐缓和、最后稳定现象的原因是什么？

(2)根据实验数据,分析渗滤液 pH 值波动变化特点,导致这一现象的本质是什么？

(3)根据实验数据,分析 BOD/COD 变化规律,说明 BOD/COD 的指导意义。

实验五　垃圾卫生填埋填埋气动态变化监测实验

1. 实验目的

本实验目的是通过垃圾填埋模拟实验,评判垃圾填埋气随填埋时间的变化规律,为垃圾填埋场设计填埋气的收集和再生利用方案提供依据。

2. 实验原理

垃圾填埋气指在垃圾填埋场中生活垃圾所含的大量有机物被微生物降解所生成的气体(land fill gas,LFG)。据测算,1 t 垃圾在填埋场寿命期内大约可产生 $39\sim390$ m^3 的填埋气体。填埋气体的主要成分为 CH_4 和 CO_2,此外还有一些其他成分,如 H_2S、NH_3 等。CH_4 和 CO_2 是重要的温室气体,当今 CH_4 对温室效应的贡献仅次于 CO_2,其当量体积温室效应潜在值是 CO_2 的 21 倍。垃圾填埋气如不经回收利用,其潜在的燃爆危险对填埋场工作人员的健康和安全也产生极大威胁,其潜在的温室效应也将对周边环境造成不利影响。

3. 材料与方法

3.1 实验材料

将反应器装载收集的生活垃圾和厨余垃圾(可取自当地垃圾中转站或校园生活区及食堂)的混合物,切成小于 8 cm 左右的碎片,并混合 1 L 的厌氧污泥(可取自于当地污水处理厂)。

3.2 实验装置

用有机玻璃生物反应器来模拟城市固体废物填埋场反应条件的反应器示意图如图 7-4 所示。反应器主体为圆柱形,直径 30 cm,高 100 cm。用垫圈和硅树脂密封剂维持厌氧条件。设置 2 个多孔板放置在反应器的顶部和底部,顶部法兰边缘开几个端口提取气体样品,从反应器底部收集和导出垃圾渗滤液。

3.3 实验方法

以尽可能接近实际填埋场的填埋方式将采集的实验材料填入图 7-4 所示的反应器内。按照当地气象资料,依据年、月平均降雨量确定模拟降雨量,并定期向反应器注水。实验期间每日记录气体流量计显示的气体流量,定期收集填埋气体,采用气相色谱仪进行甲烷和二氧化碳的含量分析。前期采样频率为 1 次/周,在垃圾层进入相对稳定期后,每隔 2 周进行采样分析。

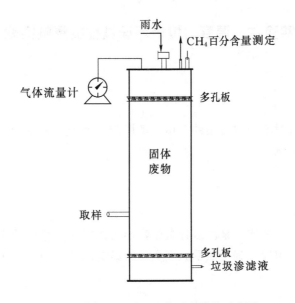

图 7-4　模拟垃圾填埋生物反应器的示意图

4. 数据处理与分析

4.1 实验指标分析方法

填埋气 CH_4 和 CO_2 含量分析采用气相色谱法。

(1)仪器与试剂。GC-14A 气相色谱仪,带 TCD 检测器与色谱工作站;色谱柱:3 m×ϕ3 mm 不锈钢管柱;60~80 目 TDX-01 填料作固定相。

(2)色谱分离分析条件。载气(N_2)流速 30 mL/min,柱温 105 ℃,检测器温度 120 ℃,进样口温度为 105 ℃,热导池桥电流为 120 mA。

4.2 数据处理

(1)产气量的变化规律。以时间(d)为横坐标,以累计产气量(L)为纵坐标绘制折线图。分析累计产气量的变化规律。

(2)甲烷含量的变化规律。以时间(d)为横坐标,以甲烷含量(%)为纵坐标绘制折线图。分析甲烷产量的变化规律。

(3)二氧化碳含量的变化分析。以时间(d)为横坐标,以二氧化碳含量(%)为纵坐标绘制折线图。分析二氧化碳含量的变化规律。

5. 思考题

(1)根据实验数据,分析产气波动变化特点,导致这一现象的内在原理是什么?

(2)根据实验数据,分析单位固体废物填埋产气量及其甲烷含量,分析垃圾填埋能源化再生的应用潜力。

实验六　温度对垃圾填埋过程的影响实验

1. 实验目的

本实验目的是通过对不同温度条件下垃圾填埋产气及垃圾渗滤液进行分析,以期揭示温度对垃圾填埋过程的影响。

2. 实验原理

填埋场有机垃圾降解的实质是由多种微生物参与的复杂的生物化学反应过程,其反应速率对温度的变化敏感。填埋过程受四季温度变化的影响,不同季节会表现出不同的分解特性。

3. 材料与方法

3.1 实验材料

填埋用垃圾可取自本地垃圾中转站、居民生活区垃圾点等。首先,剔除其中较大的玻璃、砖土等无机物,将所有垃圾切成 5 cm 大小,混和均匀后分别装入模拟柱中(期间进行人工压实处理)。

3.2 实验装置

本实验装置(见图 7-5)由垃圾柱、模拟降雨(灌水)装置和排水集气装置组成。其中,垃圾柱由有机玻璃或 PVC 管制成,内径 40 cm,高 2 m,顶部设模拟降雨喷头(穿孔管)和导气管,中间设 BDM 分析取样孔和温度探头,底部设排液孔(网),并对每个垃圾柱以电热毯和保温材料设置安装了保温措施。

3.3 实验方法

设置 3 个模拟柱,通过温控措施使温度分别保持在 15 ℃、25 ℃、35 ℃。完成室内垃圾破碎、混匀及装填工作后,对整套模拟装置进行封顶,并保证模拟垃圾柱内垃圾的厌氧、密闭环境。在垃圾装填完成后静置稳定两个月,以使垃圾内微生物大量繁殖,并建立新的微生物适宜的生存环境。启动温控设施,并根据当地多年平均降雨量(947 mm)估算出日降雨量,进行模拟降雨,每天灌水一

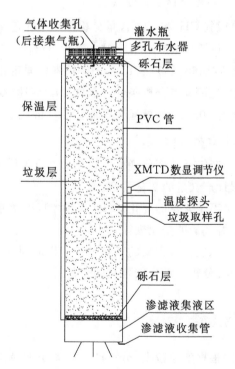

图 7-5　实验装置结构图

次。实验期间,每周对填埋气的产量和甲烷含量,以及渗滤液的 pH 值、COD 和氨氮浓度进行监测。

4. 数据处理与分析

4.1 实验指标分析
(1)填埋气中甲烷(CH_4)含量分析。
(2)甲烷(CH_4)含量分析采用气相色谱法,具体方法见本章第一节实验五。
(3)垃圾渗滤液 pH 值、COD、NH_3—N 的测定方法详见本章第一节实验四。

4.2 产气分析
以时间(d)为横坐标,以累计产气量(L)为纵坐标绘制折线图。分析不同温度条件下累计产气量的变化规律。以时间(d)为横坐标,以甲烷含量(%)为纵坐标绘制折线图。分析不同温度条件下甲烷产量的变化规律。

4.3 垃圾渗滤液特征分析
以时间(d)为横坐标,pH、COD 和 NH_3—N 等指标为纵坐标绘制折线图,分析不同温度条件下渗滤液性质特点及其变化规律。

5. 思考题

(1)根据实验现象,分析温度升高对填埋有机垃圾产酸和产甲烷的影响。
(2)根据实验现象,分析温度升高对填埋有机垃圾渗滤液、COD 衰减和氨氮衰减变化的影响。
(3)根据实验结果,探讨因四季温度变化引起的产气和垃圾渗滤液变化,对填埋气再生利用及垃圾渗滤液处理设施的设计和运行管理有哪些启示?

实验七 渗滤液回流对垃圾填埋的影响实验

1. 实验目的

本实验旨在通过探讨渗滤液回灌垃圾填埋柱的方法使渗滤液浓度降低到较低水平。评价渗滤液回流技术对改善渗滤液水质、加快垃圾降解、提高产甲烷速率、加快填埋场沉降和减少填埋场的维护费用等方面的效果。

2. 实验原理

渗滤液回流是指将不经任何处理或略加处理的渗滤液直接回流垃圾层,利用垃圾层的"生物滤床"作用,降低渗滤液中污染物的浓度,并促进填埋场垃圾的生物稳定化进程,提高产气速率和产气量。

3.材料与方法

3.1 实验材料

填埋用垃圾可取自本地垃圾中转站、居民生活区垃圾点等。剔除其中较大的玻璃、砖土等无机物,将所有垃圾切成 5 cm 大小,混和均匀。

3.2 实验装置

实验装置为自制的垃圾填埋柱(见图 7-6)。该柱由内径 40 cm、长 150 cm 的 PVC 管或有机玻璃管制作而成。柱子下端装有一根带阀门的渗滤液排放管;柱子上端装一根排气管。实验柱下端距底部 8 cm 处装一多孔圆形隔板,隔板设置渗滤液收集槽,隔板上面为 8 cm 厚的一层小石子,石子层上面填充 90 cm 厚的垃圾。为使布水均匀和防止垃圾上端表层被堵塞,在垃圾上端置一多孔圆形 PVC 布水器,并在布水器上面铺设一高 15 cm 的锥形小石层。除了取样分析时需打开阀门排放渗滤液外,其余时间关闭阀门并塞紧排气口。

3.3 实验方法

(1)将收集的实验材料装入图 7-6 所示渗滤液回灌装置的模拟柱中,期间不断进行人工压实。

(2)实验采用两个反应器,其中一个反应器在装填垃圾并产生渗滤液后即进行渗滤液回灌实验。应用小流量药液泵以 100 mL/min 进行回灌,每天回灌一次,回灌量为 1.25 L。另一个反应器作为对照,不采用回灌措施。

(3)渗滤液采样分析:填埋结束一周即开始每周取出两个不同反应器的渗滤液,测定 COD。

(4)填埋气分析:实验期间,通过气体流量计记录每日气体流量。

(5)沉降特征分析:每周记录垃圾高度,计算每周的日平均沉降速度(cm·d^{-1})。

4.数据处理与分析

4.1 指标分析方法

采用重铬酸钾法测定所收集渗滤液的 COD,具体实验方法参见本章第一节实验四。

4.2 数据处理

(1)以时间(d)为横坐标,以累计产气量(L)为纵坐标绘制折线图。分析有无渗滤液回灌累计产气量的变化规律。

(2)以时间(d)为横坐标,COD 为纵坐标绘制折线图。分析有无渗滤液回灌渗滤液 COD 的变化规律。

(3)以时间(d)为横坐标,以沉降速度(cm·d^{-1})为纵坐标绘制柱形图。分析有无渗滤液回灌填埋初期、中期及后期垃圾沉降变化特征。

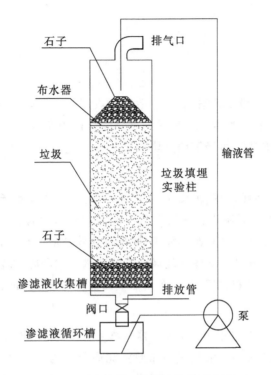

图 7-6　渗滤液回灌实验装置示意图

5.思考题

(1)通过渗滤液回灌方法降解的速度较自然降解的速度快多少?

(2)试分析填埋场渗滤液的回灌技术的优点和注意事项。

实验八　城市生活垃圾与市政污泥混合对填埋过程的影响实验

1.实验目的

本实验旨在探讨不同污泥掺混比例对城市生活垃圾填埋过程的影响,为评价城市生活垃圾与市政污泥混合对填埋过程的影响提供实验方案和技术支持。

2.实验原理

填埋技术作为生活垃圾的传统和最终处理方法,目前仍然是我国大多数城市解决生活垃圾的最主要方法。随着我国污水处理事业的快速发展,市政污泥的处理与处置成为各大城市污染治理又一难题。两类固体废物均属于有机固体废物,但它们的属性又截然不同,混合填埋是一种解决策略,但是其对填埋过程的影响仍需探究。

3. 材料与方法

3.1 实验材料

填埋用垃圾取自本地垃圾中转站、居民生活区垃圾点等。市政污泥取自当地市政污水处理厂外排的剩余污泥。将新鲜垃圾和市政污泥充分混合作为实验用的垃圾,混合前除去其中的玻璃、石块、橡胶、塑料袋等不可降解的大块物质。

3.2 实验装置

实验装置为自制的垃圾填埋柱(见图 7-6)。该柱由内径 40 cm、长 150 cm 的 PVC 管或有机玻璃管制作而成。柱子下端装有一根带阀门的渗滤液排放管;柱子上端装一根排气管。实验柱下端距底部 8 cm 处装一多孔圆形隔板,隔板设置渗滤液收集槽,隔板上面为 8 cm 厚的一层小石子,石子层上面填充 90 cm 厚的垃圾。为使布水均匀和防止垃圾上端表层被堵塞,在垃圾上端置一多孔圆形 PVC 布水器,并在布水器上面铺设一高 15 cm 的锥形小石层。

3.3 实验方法

(1)实验采用三个反应器,其中第一个反应器装填生活垃圾与市政污泥质量比为80%:20%的混合物料,第二个反应器装填生活垃圾与市政污泥质量比为 65%:35% 的混合物料,第三个反应器只装填生活垃圾物料作为对照。物料装填期间进行人工压实处理,除了取样分析时需打开阀门排放渗滤液外,其余时间关闭阀门并塞紧排气口。

(2)渗滤液采样分析:填埋结束一周,即开始每周取出两个不同反应器的渗滤液,采用重铬酸钾法进行 COD 测定。

(3)填埋气分析:实验期间,通过气体流量计记录每日气体流量。

(4)沉降特征分析:每周记录垃圾高度,计算每周的日平均沉降速度(cm·d^{-1})。

4. 数据处理与分析

4.1 实验指标分析方法

采用重铬酸钾法测定所收集渗滤液的 COD,具体实验方法参见本章第一节实验四。

4.2 数据处理

(1)以时间(d)为横坐标,以累计产气量(L)为纵坐标绘制折线图。分析不同污泥掺混比例对城市生活垃圾填埋累计产气量的影响。

(2)以时间(d)为横坐标,COD 为纵坐标绘制折线图。分析不同污泥掺混比例对城市生活垃圾填埋过程的垃圾渗滤液 COD 的影响。

(3)以时间(d)为横坐标,以沉降速度(cm·d^{-1})为纵坐标绘制柱形图。分析不同污泥掺混比例对城市生活垃圾填埋初期、中期及后期垃圾沉降变化特征影响。

5.思考题

(1)根据实验数据,分析不同污泥掺混比例对城市生活垃圾填埋过程的影响。

(2)试分析污泥掺混对城市生活垃圾填埋的利弊。

实验九　准好氧填埋工艺垃圾填埋过程监控实验

1.实验目的

本实验旨在通过准好氧垃圾填埋过程模拟实验及过程监控,掌握准好氧填埋工艺特点,为准好氧填埋场设计提供参考。

2.实验原理

20世纪60年代末,准好氧填埋工艺由日本学者花岛正孝提出,其设计原理是不用动力供氧,而是利用渗滤液收集管道的不满流设计,在垃圾堆体发酵产生温差的推动下,使空气自然通入,保证在填埋场内部存在一定的好氧区域,特别是在渗滤液集排水管和导气管周围存在好氧区域,加快垃圾分解,加速垃圾稳定化进程,降低渗滤液中污染物技术的浓度。

3.实验材料与方法

3.1 实验材料

反应器装载当地社区收集的生活垃圾和厨余垃圾的混合物,切成小于8 cm左右的碎片,并混合1L的厌氧污泥。

3.2 实验装置

模拟装置为自制的规格为0.5 m×0.5 m×1 m的长方柱体(有机玻璃材质)。底部先铺设HDPE膜,然后在膜上放置一根直径为10 cm的渗滤液收集管(孔距为5 cm),收集管周围用砾石覆盖(大约2 cm),在堆体的物理中心安装一根直径为5 cm的竖直导气管(孔距为5 cm),导气管周围用石笼保护,以利于导气,垃圾填满后用HDPE膜覆盖。

3.3 实验方法

(1)将收集的实验材料和1 L厌氧污泥混合均匀后填入图7-7所示的装置中。

(2)根据当地气象数据,计算降雨量,每2周模拟1次降雨。实验设置3个反应器,1号反应器渗滤液回流量根据反应器体积的10%计算(25 L/d);2号反应器渗滤液回流量根据反应器体积的20%计算(50 L/d);3号反应器为对照,不设置导气管,不回流垃圾渗滤液。

(3)实验期间每日记录气体流量,每周收集渗滤液1次,测定其化学需氧量COD、pH值、NH_3—N和VFA值,每周定期收集填埋气体,进行甲烷和二氧化碳的含量分析。

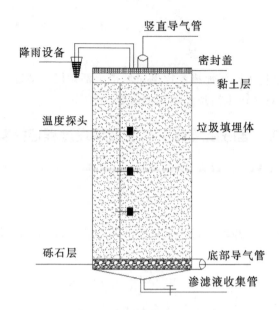

图 7-7 填埋装置示意图

4. 数据处理与分析

4.1 实验指标分析方法

(1)垃圾渗滤液分析。COD、pH 值、NH₃—N、VFA 值的测定参见本章第一节实验四。

(2)填埋气分析。填埋气中甲烷(CH_4)和二氧化碳(CO_2)含量分析见本章第一节实验五。

4.2 数据处理

(1)以时间(d)为横坐标,分别以累计产气量(L)和甲烷含量(％)为纵坐标绘制折线图。分析不同不满流回流设计的准好氧垃圾填埋工艺的产气变化规律。

(2)以时间(d)为横坐标,分别以 COD、pH、NH₃—N 和 VFA 为纵坐标绘制折线图。分析不同不满流回流设计的准好氧垃圾填埋工艺垃圾渗滤液的变化规律。

5. 思考题

(1)通过实验数据分析准好氧垃圾填埋工艺的利弊。

(2)根据实验数据,分析不同比例渗滤液回灌措施对准好氧工艺的影响,探讨实验结果对工艺设计的指导意义。

本章参考文献

[1]姬晓燕,桑树勋,周效志,等.间歇式生物反应器填埋结构对渗滤液水质的影响研究[J].环境工程学报,2011,5(10):2199-2203.

[2]夏向利,唐和清,杨子陆,等.高温微生物菌剂加速垃圾填埋场好氧稳定化进程的研究[J].

环境工程学报,2016,10(4):2003-2008.

[3]刘玉强,王琪,黄启飞,等.不同填埋工艺对填埋气产生动态变化的影响[J].应用生态学报,2005,16(12):2409-2412.

[4]李兵,赵勇胜.MSW好氧生物反应器与单纯好氧填埋的对比实验[J].环境工程,2004,22(6):60-65.

[5]韦旭,冼萍,冯庆革,等.垃圾渗滤液性质特点及其变化规律的实验研究[J].广西大学学报:自然科学版,2011,36(3):506-512.

[6]王晓龙,黄启飞,呼世斌,等.两种填埋结构中氨氮的空间变化规律研究[J].环境工程学报,2008,2(10):1398-1402.

[7]田艳锦,黄启飞,王琪,等.渗滤液回流对不同填埋结构甲烷变化规律的影响研究[J].环境污染与防治,2007,29(1):40-43.

[8]杨波,王京刚.渗滤液回流量对生物反应器型垃圾填埋的影响[J].环境科学与技术,2007,30(12):22-26.

[9]杨玉飞,董路,黄启飞,等.填埋结构对渗滤液回流效果影响研究[J].环境科学与技术,2006,29(4):71-74.

[10]杨军,黄涛,张西华.温度对填埋垃圾渗滤液特征的影响[J].生态环境,2007,16(2):799-801.

[11]张西华,黄涛,王芃,等.温度对填埋有机垃圾厌氧降解影响实验研究[J].环境科学与技术,2007,30(11):10-12,34.

[12]郭丽芳,王新文.新鲜垃圾渗滤液的自然衰减与渗滤液自身回灌法降解的比较[J].广州环境科学,2010,25(1):13-15.

[13]宋立杰,赵天涛,赵由才.固体等废物处理与资源化实验[M].北京:化学工业出版社,2008.

[14]郑雅杰.垃圾填埋场渗滤液特征及其治理[J].水资源保护,1997(2):11-14.

[15]王罗春,赵由才.城市生活垃圾填埋场稳定化影响因素概述[J].上海环境科学,2000,19(6):292-295.

[16]Marion H. International research into landfill gas emissionsand mitigation strategies[J]. Waste Man,2004,24:425-427.

[17]Masataka H, Yasushi M, Sotaro H, et al. A method of designing leachate treatment systems for landfill sites[J]. Cities Waste,1986,6(12):26-35.

第八章　固体废物资源化

实验一　废旧塑料的热裂解实验

1. 实验目的

(1)熟悉并掌握塑料热解的基本过程。

(2)掌握实验室管式热解炉的工作原理和方法。

(3)掌握热解过程和热解产物的相关概念。

2. 实验原理

废旧塑料热解是将已清楚杂质的塑料置于无氧或者低氧的密封容器中加热,使其裂解为低分子化合物。其基本原理是将塑料制品中的高聚物进行彻底的大分子裂解,使其回到低分子量状态或单体态。按照大分子内键断裂位置的不同,可将热解分为解聚反应型、随机裂解型和中间型。解聚反应型塑料受热裂解时聚合物发生解离,生成单体,主要切断了单分子之间的化学键。这类塑料有 α-甲基苯乙烯、聚甲基丙烯酸甲酯等,它们几乎 100％地裂解成单体。随机裂解型塑料受热时分子内化学键的断裂是随机的,产生一定数目的碳原子和氢原子结合的分子化合物,这类塑料有聚乙烯、聚丙烯等。大多数塑料的裂解两者兼而有之,属于中间型,但在合适的温度、压力、催化剂条件下,能使其中某些特定数目链长的产物大大增加,从而获得有一定经济价值的产物,如汽油、柴油等。

裂解所要求的温度取决于塑料的种类及回收的目的产物,温度超过 600 ℃,热解的主要产物是混合燃料气,如 CH_4、C_2H_4 等轻烃。温度在 400～600 ℃时,主要裂解产物为混合轻烃、石脑油、重油、煤油及蜡状固体,PE、PP 的裂解产物主要是燃料气和燃料油,PS 热解产物主要是苯乙烯单体。

3. 实验设备

热解实验装置如图 8-1 所示。

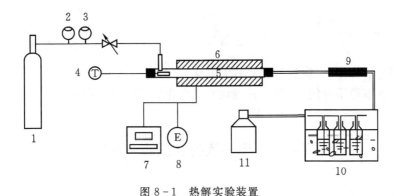

图 8-1　热解实验装置

1—气瓶;2,3—流量计;4—热电偶和瓷舟;5—石英管;6—管式炉;
7—温度控制器;8—电源;9—过滤器;10—冷却收集系统;11—气体收集装置

4.实验步骤

4.1 塑料原料的处理

(1)原料粉碎:将塑料原料进行粉碎筛分,尽量保证塑料原料的粒径均匀。

(2)原料干燥:塑料原料要进行充分干燥,以避免水分对实验结果的影响。

4.2 冷却收集系统准备

向冷浴箱内注入适量冷却循环液体,一般为工业酒精、乙二醇等。加入液体量标准为距上盖 20 mm。

4.3 热解实验步骤

热解实验在自行设计的实验装置上进行。实验所选温度为 600 ℃,实验过程如下:首先将实验所需物料精确称量后放入瓷舟 4 中,并检查整个系统的气密性;再用气瓶 1 中高纯氮气对整个密闭系统进行吹扫,排空系统中残留的空气;之后按照 10 ℃/min 的升温速率升到设定温度,迅速将瓷舟 4 推入炉腔内适宜位置进行反应;反应时间控制在 30 min;热解过程中产生的气体经过气体收集过滤装置 9、10、11 进行收集。

拓展实验:设定不同的分解温度和停留时间,进行上述实验。

5.实验数据与处理

将实验数据记录于表 8-1 中。

表 8-1　实验数据记录表

温度/℃	停留时间/min	液体产物/mL	CO_2产量/mL·g^{-1}	CH_4产量/mL·g^{-1}

6.思考题

(1)若改变热解温度,实验过程现象有无变化,产物有何区别?

(2)若改变热解停留时间,实验过程现象有无变化,产物有何区别?

(3)还有哪些影响热解产物的因素?

实验二　电子废弃物资源化实验

1.实验目的

(1)了解电子废弃物资源化的重要性。

(2)掌握电子废弃物资源化的主要措施和方法。

2.实验原理

电子废弃物(waste electric and electronic equipment,WEEE)是指废弃的电子、电气设备及其零部件,俗称电子垃圾。电子废弃物包括生产过程中产生的不合格设备及其零部件;维修过程中产生的报废品及废弃零部件;消费者废弃的设备如废弃的个人电脑、通信设备、电视机、DVD机、音响、复印机、传真机等常用小型电子产品,电冰箱、洗衣机、空调等家用电子电器产品,以及程控主机、中型以上计算机、车载电子产品、电子仪器仪表和企事业单位淘汰的精密电子仪表等。

电子废弃物数量多、危害大,虽然其潜在价值高但处理困难。电子废弃物的成分复杂,含有大量的有害物质。例如,显像管内含有重金属铅,线路板中含有铅、镍、镉、铬等,电子废弃物中的电池和开关含有铬的化合物和汞。电子废弃物被填埋或者焚烧时,可能形成重金属污染,包括汞、镍、镉、铅、铬等的污染。重金属组分渗入土壤,或进入地表水和地下水,将会造成土壤和水体的污染,直接或间接地对人类及其他生物造成伤害。

同时,电子废弃物中又含有大量可供回收利用的金属、玻璃及塑料等,从资源回收的角度分析,潜在的价值很高。例如,电子废弃物主要由金属、陶瓷、玻璃、树脂纤维、塑料、橡胶、半导体、复合材料等组成。城市固体废物中可回收成分为塑料、纺织品、纸、金属、玻璃等,其比例分别为13.5%、2.6%、6.3%、1.1%、3.4%。相比之下,电子废弃物中有用材料的成分比例要比城市固体废弃物中的高很多。

电子废弃物处理以印刷线路板处理最为复杂,因其含有金属、塑料、玻璃纤维等有用的资源和铅、铬、汞、镉等重金属及卤素阻燃剂等有害物质,因此其合理处置与资源化利用成为电子废弃物回收利用的关键技术之一。本实验的主要内容有废印刷线路板金属与非金属分选和非金属资源化两部分,其中第一部分是整个实验的基础,包括粉碎、筛分、流态化气流分选等,其中流态化气流分选是实验的主要内容。它是20世纪中期兴起的一项技术,以空气为分选介质,在气流作用下使颗粒按密度或粒度进行分离。其基本原理是使待分离的颗粒物料在一定流速气体或液体的作用下形成流态化,借助不同密度及不同尺寸颗粒物料在流体中的沉降速度不同而使其相互分离。第二部分主要将分离的非金属富集体(树脂)在缺氧或无氧的条件下加热至一定温度,使其发生化学键断裂,网状交联结构的有机高分子被分解成小分子,残留物为无机化合物(主要是玻璃纤维),生产气体、液体(油)和固体(焦),实现资源回收利用。

3. 实验材料

(1)实验装置:破碎机、电动筛分仪、气流分选装置、热解装置等。
(2)实验原料:废印刷线路板。

4. 实验步骤

(1)粉碎。实验前需戴好手套,用剪刀将印刷线路板绞成小块,并用电子天平称取 100 g,然后将其放入破碎机中充分破碎 5 min。
(2)筛分:将洗净晾干的筛盘按照目数大小依次放在电动筛分仪上,再将破碎后的物料倒入最上方的筛盘并开启开关,筛分 5 min。
(3)流态化气流分选:将筛分得到的细颗粒物放置于气流分选装置(见图 8-2)进料口处。打开引风机开关,调节转子流量计控制进风量达到最佳分离效果。

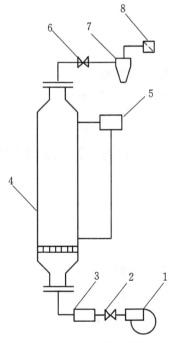

图 8-2　气流分选装置

1—风机;2—阀门;3—流量计;4—流化床;5—压力表;6—阀门;7—旋风分离器;8—袋滤器

(4)非金属热解:利用热解实验所用装置对分选得到的非金属富集体进行热解。具体操作流程参照热解实验部分。

5. 实验数据与处理

将流态化气流分选的数据记录于表 8-2 中,非金属富集体热解的数据记录于表 8-3 中。

表 8-2　流态化气流分选实验数据记录表

序号	气流流量/mL·min⁻¹	金属富集体/g	非金属富集体/g

表 8-3　非金属富集体热解实验数据记录表

序号	原料量/g	产液(油)/g	残渣(焦)/g	产气/g

6. 思考题

(1)破碎筛分后得到的原料可以进行哪些分析?

(2)电子废弃物的资源化利用方式有哪些?试比较它们的优缺点。

(3)影响非金属富集体热解的因素有哪些?

实验三　粉煤灰的资源化(1):从粉煤灰中提取氧化铝

1. 实验目的

(1)了解粉煤灰的定义和产生。

(2)掌握从粉煤灰中提取氧化铝的原理和方法。

2. 实验原理

氧化铝是粉煤灰中的主要成分,我们可回收其中宝贵的铝资源。目前来说,回收氧化铝的方法很多,有石灰石烧结法、热酸淋洗法、直接熔融法、氯化法、碱法和酸碱联合法等。不同的方法适合不同氧化铝含量的粉煤灰,在这里我们选择酸法来提取高铝粉煤灰中的氧化铝。该实验以 HCl - HF 混合液为浸出剂,考察了 HCl - HF 混合液对高铝粉煤灰中铝的联合浸出作用。

粉煤灰中的含铝矿物主要为莫来石和刚玉,在 HCl－HF 混合溶液中两者将发生如下主要反应

$$Al_6Si_2O_{13}+18H^+ \rightarrow 6Al^{3+}+2Si(OH)_4\downarrow+5H_2O$$

$$Al_6Si_2O_{13}+22H^++6F^- \rightarrow Si(OH)_4\downarrow+SiF_6{}^{2-}+6Al^{3+}+9H_2O$$

$$Al_2O_3+6H^+ \rightarrow 2Al^{3+}+3H_2O$$

3. 实验材料

(1)实验药品:粉煤灰、蒸馏水、4.93 mol/L 氢氟酸、4.95 mol/L 盐酸。

(2)实验设备:研钵、150 mL 锥形瓶、玻璃棒、水浴锅、电子分析天平、粉碎机、pH 测试仪、烘箱。

4. 实验步骤

(1)称取研磨后的粉煤灰 20 g(精确到 0.001 g)左右,放入装有 50 mL 氢氟酸(4.93 mol/L)的 150 mL 锥形瓶中,然后混合均匀。

(2)向锥形瓶中加入 50 mL 的盐酸(4.95 mol/L),混合均匀后,定容。

(3)将锥形瓶移至温度为 95 ℃的水浴锅中,在搅拌速度为 300 r/min 的条件下反应 3 h。

(4)取出锥形瓶,直接过滤,将得到的滤渣在 105 ℃下烘干,滤液,测定 pH 值。

(5)测定滤渣中 Al_2O_3、SiO_2、TiO_2 的含量,并计算 Al_2O_3、SiO_2、TiO_2 的浸出率 η。

5. 数据记录与处理

5.1 实验数据记录

将实验数据记录于表 8－4 中。

表 8－4　实验数据记录表

序号	Al_2O_3		SiO_2		TiO_2	
	含量/g	浸出率/%	含量/g	浸出率/%	含量/g	浸出率/%
1						
2						
3						
4						
5						
6						

5.2 计算公式

(1)浸出产率(%)＝残渣重量/原始粉煤灰重量×100%

(2)浸出率 η＝(1－浸渣产率×渣中某种成分质量分数/原始粉煤灰中相应成分质量分数)×100%

6. 思考题

从粉煤灰中回收氧化铝,还有什么方法？它们各自的优缺点是什么？

实验四　粉煤灰的资源化(2):利用粉煤灰制取微晶玻璃

1. 实验目的

了解粉煤灰制取微晶玻璃的原理和方法。

2. 实验原理

粉煤灰经熔融处理可形成一种物质即类玻璃质熔渣,其化学性质相对稳定,重金属固化效果好。该熔渣经核化和晶化的处理可形成具有高附加值的微晶玻璃,又称玻璃陶瓷。微晶玻璃是兼具玻璃、陶瓷和天然石料三重优点的一种新型建筑材料。与玻璃和陶瓷相比,微晶玻璃具有良好的力学性能,可作为幕墙装饰材料和高档建筑材料。与天然石料相比,微晶玻璃具有良好的耐腐蚀性、较低的吸水性、无放射性污染和不褪色的特点。因此,微晶玻璃被称为新型环保建筑材料。

目前来说,微晶玻璃的制备方法主要包括熔融法、烧结法和溶胶-胶凝法。本实验采用的是烧结法。烧结法是指基础玻璃粉末在烧结力的驱动下,在粉体表面析晶形成致密化程度高的多晶材料的工艺。烧结法制备微晶玻璃是将配制好的原料于 1300～1500 ℃ 高温下熔融,使之成为澄清熔浆,然后将高温熔浆迅速水淬冷却生成基础玻璃,经烘干和球磨后形成玻璃粉末,采用加压或不加压的方式使玻璃粉末成型,然后经核化和晶化处理后形成多晶材料,最后经深加工形成微晶玻璃产品。

3. 实验设备与材料

(1)实验药品:粉煤灰、二氧化硅、碳酸钠、氧化镁、氧化钙、硼酸、氧化锌、氟化钙、水玻璃。

(2)实验设备:电子天平、坩埚、硅钼棒高温炉、控温仪、自制耐火模具、烘箱、粉碎机。

4. 实验步骤

(1)用电子天平精确称量原材料和各种化学药品的重量,精确至 0.01 g,分别为:粉煤灰

224 g、SiO_2 122 g、CaO 82 g、MgO 14 g、Na_2O 45 g、ZnO 25 g、B_2O_3 10 g、CaF 5 g。

(2)将上述物料放入粉磨机中,充分粉磨使它们混合均匀。

(3)将均匀后的物料放入坩埚中,送入高温炉准备熔制。

(4)先以 5 ℃/min 的升温速率预热坩埚至 1200 ℃,再以 3 ℃/min 的升温速率加热至 1450 ℃,然后在 1450 ℃下保持 3 h。

(5)坩埚内的玻璃液体倒入 20 ℃的水中水淬急冷,得到细小的玻璃颗粒。

(6)将得到的玻璃颗粒放入烘箱内烘干,再将烘干后的玻璃珠放入粉碎机内粉碎,然后过 0.1 mm 的筛子,得到基础玻璃粉末。

(7)分别取不同比例的基础玻璃粉末与水玻璃搅拌均匀,每组在一定的压力下,放入直径为 50 mm 的模具中各压制成高为 10 mm 的圆柱试样,将试样放入自制的耐火磨具中,在高温炉里进行高温加热。以 2 ℃/min 的升温速率从室温加热至 875 ℃,保温 2 h,最后随炉冷却得到粉煤灰微晶玻璃样品。

5. 思考题

如果继续延长步骤(7)中的保温时间,微晶玻璃的性状会有何改变?

实验五　热解半焦的重金属测定

1. 实验目的

(1)了解分光光度计的原理。

(2)掌握分光光度法测定重金属的测定方法。

2. 实验原理

2.1 分光光度计原理

分光光度计基本原理是指采用一个可以产生多个波长的光源,通过系列分光装置,从而产生特定波长的光源,光源透过测试的样品后,部分光源被吸收,计算样品的吸光值,从而转化成样品的浓度。样品的吸光值与样品的浓度成正比。单色光辐射穿过被测物质溶液时,被该物质吸收的量与该物质的浓度和液层的厚度(光路长度)成正比,其关系如下式

$$A = -1g(I/I_0) = -1gT = kLc$$

式中:A——吸光度;

I_0——入射的单色光强度;

I——透射的单色光强度;

T——物质的透射率;

k——摩尔吸收系数;

L——被分析物质的光程,即比色皿的边长;

c——物质的浓度。

物质对光的选择性吸收波长以及相应的吸收系数是该物质的物理常数。当已知某纯物质在一定条件下的吸收系数后可用同样条件将该供试品配成溶液,测定其吸收度,即可由上式计算出供试品中该物质的含量。在可见光区,除某些物质对光有吸收外,很多物质本身并没有吸收但可在一定条件下加入显色试剂或经过处理使其显色后再测定,故又称比色分析。由于显色时影响呈色深浅的因素较多,且常使用单色光纯度较差的仪器,故测定时应用标准品或对照品同时操作。

2.2 分光光度法

(1)锌:本方法适用于测定锌浓度在 $5\sim50~\mu g/L$ 的水样。当使用光程长 200 mm 比色皿,试样体积为 100 mL 时,检出限为 5 μg/L。本方法用四氯化碳萃取,在最大吸光波长 535 nm 时,其摩尔吸光度约为 $9.3\times10^4~L/mol\cdot cm$。

在 pH 为 $4.0\sim5.5$ 的乙酸盐缓冲介质中,锌离子与双硫腙形成红色螯合物,用四氯化碳萃取后进行分光光度测定。水样中存在少量铅、铜、汞、镉、钴、铋、镍、金、钯、银、亚锡等金属离子时,对锌的测定有干扰,但可用硫代硫酸钠掩蔽和控制 pH 值予以清除。

(2)铜:用盐酸羟胺把二价铜离子还原为亚铜离子,在中性或微酸性溶液中,亚铜离子和2,9-二甲基-1,10-菲啰啉反应生成黄色络合物,在波长 457 nm 处测量吸光度;也可用有机溶剂(包括氯仿-甲醇混合液)萃取,在波长 457 nm 处测量吸光度。

在 25 mL 水溶液或有机溶剂中,含铜量不超过 0.15 mg 时,显色符合比耳定律,该颜色可保持数日。

3. 实验设备及试剂

(1)实验仪器:60 目筛、玛瑙研钵、电热板、漏斗、25 mL 容量瓶、50 mL 容量瓶、三角瓶。

(2)试剂:盐酸(优级纯)、硝酸(HNO_3),优级纯;2%硝酸;1+1 硝酸;高氯酸($HClO_4$),优级纯。

4. 实验步骤

4.1 样品制备

用玛瑙研钵将热解半焦样研磨至全部通过 60 目(孔径 0.25 mm)尼龙筛,混匀后备用。

4.2 样品前处理

称取 $0.5\sim1$ g 半焦样于 50 mL 锥形瓶中,用水润湿加入 10 mL 盐酸,盖上小漏斗,于通风橱内的电热板上低温加热,使样品初步分解,待蒸发至约剩 3 mL 左右时,取下稍冷,然后加入 5 mL 硝酸,在电热板上 $100\sim150~℃$ 微沸 20 min,取下稍冷,再加入 5 mL 高氯酸,电热板上 $200\sim250~℃$ 左右加热,蒸发至近干,取下冷却,加1+1 硝酸溶液 4 mL,在电热板上温热溶解残渣,冷却后移入 50 mL 容量瓶中,冷却后用 0.2%的硝酸溶液定容至标线摇匀,备测。

4.3 空白实验

用去离子水代替试样,采用和样品前处理相同的步骤和试剂进行处理,制备 1 个空白溶液。

4.4 分光光度法测定锌

4.4.1 试剂

本标准所用试剂除另外说明外,均为分析纯试剂,实验中均用不含锌的水。

(1)无锌水:将普通蒸馏水通过阴阳离子交换柱以去除水中锌。

(2)四氯化碳(CCl_4)。

(3)盐酸:1.18 g/mL。

(4)6 mol/L 盐酸溶液。

(5)2 mol/L 盐酸溶液。

(6)0.02 mol/L 盐酸溶液。

(7)乙酸(CH_3COOH)。

(8)氨水($NH_3 \cdot H_2O$):$\rho = 0.90$ g/mL。

(9)1%氨水溶液:取 10 mL 氨水(8)用水稀释至 1000 mL。

(10)乙酸钠缓冲溶液:将 68 g 三水乙酸钠($CH_3COONa \cdot 3H_2O$)溶于水中,并稀释至 250 mL。另取 1 份乙酸与 7 份水混合。将上述两种溶液等体积混合。混合液再用 0.1%双硫腙四氯化碳溶液重复萃取数次,直到最后的萃取液呈绿色,然后再用四氯化碳(2)萃取以除去过量的双硫腙。

(11)硫代硫酸钠溶液:将 25 g 无水硫代硫酸钠($Na_2S_2O_3 \cdot 5H_2O$)溶于 100 mL 水中,每次用 10 mL 0.1%双硫腙四氯化碳溶液萃取,直到双硫腙溶液呈绿色为止,然后再用四氯化碳(2)萃取以除去过量的双硫腙。

(12)双硫腙:0.1%(m/V)四氯化碳溶液。称取 0.25 g 双硫腙($C_{13}H_{12}N_{47}S$)溶于 250 mL 四氯化碳(2),贮于棕色瓶中,放置在冰箱内。如双硫腙试剂不纯,可按下述步骤提纯。

称取 0.25 g 双硫腙于 100 mL 四氯化碳中滤去不容物,滤液置分液漏斗中,每次用 20 mL 1%氨水提 5 次,此时双硫腙进入水层,合并水层,然后用 6 mol/L 盐酸中和。再用 250 mL 四氯化碳(2)分三次提纯,合并四氯化碳层。将此双硫腙四氯化碳溶液放入棕色瓶中,保存于冰箱内备用。

(13)双硫腙:0.004%(m/V)四氯化碳溶液。吸取 40 mL 0.1%双硫腙于 1000 mL 容量瓶中。

(14)锌标准贮备液:称取 0.1000 g 锌粒(纯度 99.9%)溶于 5 mL 2 mol/L 盐酸中,移入 1000 mL 容量瓶中,用水稀释至标线,此溶液每毫升含 1000 μg 锌。

(15)锌标准溶液:取锌标准贮备溶液(14)10.00 mL 置于 1000 mL 容量瓶中,用水稀释至标线,此溶液每毫升含 1.00 μg 锌。

4.4.2 仪器

(1)分光光度计:光程 10 nm 或者更长的比色皿。

(2)分液漏斗:容量为 125 和 150 mL,最好配有聚四氯乙烯活塞。

(3)玻璃器皿:所有玻璃器皿先后用 1+1 硫酸和无锌水浸泡和清洗。

4.4.3 测定步骤

(1)显色萃取。

①标准溶液的萃取。分别取 0、0.5、1、2、3、4 mL 锌标准溶液加入到 60 mL 分液漏斗中,

加适量无锌水补充到 10 mL,加入 5 mL 乙酸钠饱和溶液和 1 mL 硫代硫酸钠溶液混匀,再加 10 mL 双硫腙四氯化碳溶液,振摇 4 min,静止分层后,将四氯化碳层通过少许洁净脱脂棉过滤到 10 mm 比色皿中。

②样品萃取。取一定量(含锌量在 0.5～5 g 之间)半焦消解样品,置于 50 mL 分液漏斗中,加入 5 mL 乙酸钠缓冲溶液及 1 mL 硫代硫酸钠溶液混匀后再加 10.0 mL 双硫腙四氯化碳溶液(13)振摇 4 min,静置分层后将四氯化碳层通过少许洁净脱脂棉过滤至 10 mm 比色皿中。

(2)测定。立即在 535 nm 的最大吸光波长处测量溶液的吸光度,采用 10 mm 光程长的比色皿,参比皿中放入四氯化碳(注意第一次采用本方法时应检验最大吸光波长,以后的测定中均使用此波长),由测量得吸光度扣去空白实验吸光度之后从标准曲线上查出测量锌量,然后按公式计算样品中锌的含量。

(3)空白实验。取同样体积的无锌水代替试样,与试样在相同条件下同时进行测定。

4.5 分光光度法测定铜

4.5.1 试剂及材料

本标准所用试剂除非另有说明,分析时均使用符合国家标准的分析纯化学试剂,实验用水为新制备的去离子水或蒸馏水。

(1)硫酸(H_2SO_4):ρ_{20}＝1.84 g/mL,优级纯。

(2)硝酸(HNO_3):ρ_{20}＝1.40 g/mL,优级纯。

(3)氯仿($CHCl_3$)。

(4)甲醇(CH_3OH):99.5％(V/V)。

(5)100 g/L 盐酸羟胺溶液:将 50 g 盐酸羟胺($NH_2OH \cdot HCl$)溶于水并稀释至 500 mL。

(6)375 g/L 柠檬酸钠溶液:将 150 g 柠檬酸钠($Na_3C_6H_5O_7 \cdot 2H_2O$)溶解于 400 mL 水中,加入 5 mL 盐酸羟胺溶液(5)和 10 mL 2,9-二基甲-1,10-菲啰啉溶液(8),用 50 mL 氯仿(3)萃取以除去其中的杂质铜,弃去氯仿层。

(7)氢氧化铵溶液($c(NH_4OH)$＝5 mol/L):量取 330 mL 氢氧化铵(NH_4OH:ρ_{20}＝0.90 g/mL),用水稀释至 1000 mL,贮存于聚乙烯瓶中。

(8)2.0 g/L 2,9-二甲基-1,10-菲啰啉溶液:将 200 mg 2,9-二甲基-1,10-菲啰啉($C_{14}H_{12}N_2 \cdot 1/2H_2O$)溶于 100 mL 甲醇(4)中。这种溶液在普通贮存条件下可稳定一个月以上。

(9)铜标准储备溶液(0.2 mg/mL):称取 0.2000±0.0001 g 抛光的电解铜丝或铜箔(纯度 99.9％以上),置于 250 mL 锥形瓶中,加入 1＋1 硝酸(2) 20 mL 加热溶解后,加入 1＋1 硫酸(1)10 mL 并加热至冒白烟。冷却后,加水溶解并转入 1000 mL 容量瓶中,用水稀释至标线并混匀。

(10)铜标准使用溶液 Ⅰ(20.0 μg/m):吸取 10.0 mL 铜标准溶液(9)置于 100 mL 容量瓶中,用水稀释至标线并混匀。

(11)铜标准使用溶液 Ⅱ(2.0 μg/m):吸取 10.0 mL 铜标准溶液(10)置于 100 mL 容量瓶中,用水稀释至标线并混匀。

(12)乙酸-乙酸钠缓冲液:将 100 g 三水合乙酸钠溶于适量水中,再加入 6 mol/L 的乙酸溶液 13 mL,定容至 500 mL,混匀。此溶液的 pH 值约为 5.7。

4.5.2 仪器

(1)分光光度计:配有光程 10 mm 比色皿。

(2)60 mL 锥形分液漏斗：具有磨口玻璃塞，活塞上不得涂沫油性润滑剂。

(3)25 mL 容量瓶。

4.5.3 干扰及消除

在被测溶液中，如有大量的铬和锡、过量的其他氧化性离子以及氰化物、硫化物和有机物等将对测定铜有干扰。加入亚硫酸使铬酸盐和络合的铬离子还原，可以避免铬的干扰。加入盐酸羟胺溶液，可以消除锡和其他氧化性离子的干扰。通过消解过程，可以除去氰化物、硫化物和有机物的干扰。

4.5.4 分析步骤

(1)标准曲线的绘制。准确吸取 5 μg/m 铜标准溶液 0、0.5、1.0、2.0、3.0、5.0 mL，于 25 mL 比色管中，加水至 15 mL，依次加入盐酸羟胺溶液 1.5 mL，柠檬酸钠溶液 3mL，乙酸-乙酸钠缓冲液 3 mL，2,9-二基甲-1,10-菲啰啉溶液 1.5 mL，混匀，加水至标线充分混匀，静止 5 min。以试剂空白为参比，用 10 mm 比色皿于 457 nm 处测定吸光度。

(2)样品的测定。取适量消解液于 25 mL 容量瓶中，以下按标准曲线步骤操作。

(3)空白实验。取同样体积的无铜水代替试样，与试样在相同条件下同时进行测定。

5. 计算与数据整理

测量得到的吸光度减去空白实验吸光度之后，根据标准曲线计算出锌/铜的含量。然后按下列公式计算样品中锌/铜的浓度 c(mg/L)

$$c = 50m/MV$$

式中：m——从标准曲线上求得的锌/铜量，μg；

M——称取半焦样的重量，g。

6. 思考题

(1)为什么分液漏斗的活塞上不得涂沫油性润滑剂？

(2)当含有大量的铬和锡、过量的其他氧化性离子以及氰化物、硫化物和有机物时，是否会对铜的测定产生干扰？如何去除？

实验六　气化半焦的比表面积测定

1. 实验目的

(1)了解氮吸附比表面仪测定气化半焦比表面积的基本原理。

(2)掌握气化半焦比表面积的测量及分析方法。

2. 实验原理

2.1 概述

处于固体表面上的原子或分子有表面(过剩)自由能,当气体分子与其接触时,有一部分会暂时停留在表面上,使得固体表面上气体的浓度大于气相中的浓度,这种现象称为气体在固体表面上的吸附作用。通常把能有效地吸附气体的固体称为吸附剂;被吸附的气体称为吸附质。吸附剂对吸附质吸附能力的大小由吸附剂、吸附质的性质、温度和压力决定。吸附量是描述吸附能力大小的重要的物理量,通常用单位质量(或单位表面面积)吸附剂在一定温度下在吸附达到平衡时所吸附的吸附质的质量(或体积、摩尔数等)来表示。对于具有一定化学组成的吸附剂其吸附能力的大小还与其表面积的大小、孔的大小及分布、制备和处理条件等因素有关。一般应用的吸附剂都是多孔的,这种吸附剂的表面积主要由孔内的面积(内面积)所决定,固体所具有的表面积称为比表面。

每克物质的表面积称为比表面积,单位是 m^2/g。它是用于评价粉体材料的活性、吸附、催化等多种性能的重要物理属性。随着超细粉体材料尤其是纳米材料的迅猛发展,测定比表面积对掌握粉体材料的性能具有极为重要的意义。

测定比表面积的方法繁多,如邓锡克隆发射法(Densichron examination);溴化十六烷基三甲基铵吸附法(cetyltrimethyl ammonium bromide,CTAB);电子显微镜测定法(electronic microscopic examination);着色强度法(tint strength);氮吸附测定法(nitrogen surface area)等。F. Hinson 通过各种方法比较认为氮吸附法是可靠、有效的较好的方法。

2.2 实验原理

设备以氦气作为载气,氮气为被吸附气体,二者按一定的比例(N_2：$He=1$：4)通入样品管,当样品管浸入液氮时,混合气中的氮气被样品所吸附并达饱和,吸附氮的数量与样品表面积有定量关系,随后在样品升温过程中,吸附的氮气被解吸。氮气含量的变化引起热导池的参臂热导丝 RC 和测量热导丝 MC 的电位变化,惠斯顿电桥两端电位失去平衡。在升温解吸时,通过联机采集数据,计算机记录下一个近似于正态分布的解吸峰,将对应解吸峰进行积分可得到峰面积,将它与标准样品进行比较就可转换出待测样品比表面积结果。由惠斯顿电桥得待测样品比表面积转换关系为

$$待测样品比表面积 = \frac{标准样品重量 \times 待测样品解吸峰面积}{待测样品重量 \times 标准样品解吸峰面积} \times 标准样品比表面积$$

氮吸附法是以 BET 理论为基础(BET 理论是以 Brunauer、Emmett 和 Teller 三位科学家名字的首字母命名的),并以朗格缪尔(Langmuir)及尼尔苏(NeLsan)色谱原理拓展的氮吸附方法,所用标准样品经美国 21 个实验室测定,认为其方法最可靠、最有效、最经典。适用于碳黑、白炭黑及各种硅基氧化物、氧化锌、氧化钙、氧化铝、活性炭、碳酸钙、碳纤维、氢氧化镍、石墨等各种粉体材料的应用、研究、检测和生产。涵概石化、橡胶、有色金属、陶瓷、催化等相关行业及科研院所和粉体及纳米材料生产厂。

3. 实验设备及试剂

(1)实验设备：100目筛、玛瑙研钵、彼奥德SSA-4000孔径及比表面积分析仪、样品管、胶塞、电子天平等。

(2)耗材：液氮、称量试纸等。

4. 实验步骤

(1)样品制备。用玛瑙研钵将气化半焦样研磨至全部通过100目(孔径0.15 mm)尼龙筛，混匀后备用。

(2)启动。先将气瓶顶端的总阀门，以逆时针方向旋转1~2圈，此时，减压器上的前级压力表将指示瓶内气体压力，然后以顺时针方向旋转减压器上的输出压力调节阀，使输出压力表上的指针，指向0.3~0.5 MPa的范围。

然后按下仪器前面板的电源开关，通电后，电源开关将亮起红色指示灯。

可在计算机桌面上用鼠标左键双击图标，也可以在开始菜单中启动"Pioneer4"系统。

(3)样品预处理。利用电子天平称取50~150 mg的样品，倒入样品管内，并用胶塞密封固定在仪器上。被分析的样品在大气中，通常都会吸收水分，水分吸收的多少，取决于样品本身对水的吸附能力和环境因素，如果表面吸附了水分子，则对吸附质(如氮气)的吸附能力减弱，从而影响测试数据的准确性。因此，为了保证分析数据的可靠性，需将样品脱水处理。并且样品在常压的空气中，也会吸附一些气体分子，为了保证测定数据的可靠性，同时也需要脱气处理，即在真空状态下进行脱气处理。SSA-4000系列分析仪具备真空脱气功能。

点击菜单栏中的文件，在下拉菜单中点击"新建分析"，屏幕将弹出"新的分析—分析口1参数设置"窗口。在"类型"列表中，鼠标点击下拉菜单中分别有"闲置""样品分析"和"真空脱气"三个选项。

①闲置：表示该进样器在接下来的测试过程中是关闭状态。

②分析样品：表示该进样器在接下来的测试过程中将要进行样品分析。

③真空脱气：此功能是为样品进行预处理而设置的，表示该进样器中的样品将在真空状态下进行脱气处理，以保证样品测试数据的可靠性。(注：分析样品过程中已包含此操作，亦可单独进行。)

在"样品"列表中是被测样品的基本数据，将鼠标指针移到欲修改的列表项上，可直接对其进行修改。

在"递进压力"列表中，递进压力取值范围是5000~8000 Pa。根据实际测试需要来进行设置。双击鼠标即可打开"更改递进压力"的对话框进行修改，完成后点击"确定"。

在"分析方式"列表中，选择"脱附分析"时，仪器测试的数据是孔径、总孔容积、比表面积等结果；选择"仅分析比表面积"时，仪器测试的数据仅为比表面积结果。

在"BET取点"列表中，取点0.05~0.30是根据BET方程式的原理，当P/P0取点在0.05~0.30范围内时，BET方程与实际吸附过程相吻合，图形线性也很好，因此实际测试过程中选点在此范围内，此为默认选项。

"新的分析—分析口2参数设置"同上，设置完毕后点击下一步，进入"开始一次新的分析"。

（4）样品分析。在公共参数设置的对话框内，分别有"时间设定""真空抽速""其他"和"文件"四个选项。在"时间设定"一栏中，吸附、脱附平衡时间为2～5 min（通常设置为130～150 s），可将鼠标移动至欲修改的项上直接进行修改，点击"进阶设定"，弹出"分析时间进阶设定"对话框，在此对话框内，时间为默认。"真空抽速"可以根据需要进行设置，一般情况下默认即可；在"其他"选项里，本地大气压直接填入本地区大气压力；"文件保存为"可以根据需要进行设置，点击"更多设置"进入"更改保存目标"对话框，在此对话框里可以进行更改保存目标位置以及库文件名的设置。设置完成后，点击完成，进入"分析样品"对话框。

点击窗口下方的"开始分析"按钮，进入对样品的分析阶段，软件运行后，首先进行的是校正传感器，时间为15～20 min，校正传感器结束后仪器自动转入测定死体积过程，时间为10～15 min，然后依次是"抽真空""真空脱气""吸附分析""脱附分析""结束分析"等。此测试过程为全自动分析，各状态间无需人工转换，只需人工加入液氮即可。

数据的采集由软件自动完成，点击"状态信息"选项卡，可以清楚地看到实时状态，并能观察到仪器的运行情况。

（5）结束分析。当整个样品分析完成，或点击"终止分析"按钮时，软件将自动启动"结束分析"功能，它的作用是卸载和补偿样品管管内压力。

点击下方的"生成报告"按钮或完成分析后，程序会将测试数据转换为报告，并自动保存到默认的目标文件夹里。

5. 数据记录与处理

将实验数据记录于表8-5中。

表8-5　气化半焦的比表面积记录表

测试时间：　　年　月　日　　　　记录人：

	BET 比表面积/$m^2 \cdot g^{-1}$	总孔容积/$mL \cdot g^{-1}$	平均孔半径/Å
样品 1			
样品 2			
样品 3			
平均值			

6. 注意事项

（1）液氮需在点击"开始分析"后10 min内倒进保温筒内，液氮倒至距保温筒口4～5 cm处即可，并放置在托盘内摆正放好，避免在托盘上升过程中，保温筒与样品管发生碰撞。

（2）若突然断电或发生意外情况导致测试中止不能进行下去，待意外情况消除以后，需要打开电源、气源，打开程序，在测定向导界面下，点击"开始分析"按钮，运行2～5 min，点击"终止分析"按钮,待软件状态显示已完成分析后,重新设定,进行测量。

(3)在软件运行过程中,若抽真空超过 20 min 还未结束,则有可能是某个连接部位未连接密封好,造成漏气,这时我们需要检查各个连接部位,例如,样品管的连接、气瓶与仪器的气路连接等。

7.思考题

(1)在比表面积的测定中,样品使用量与哪些因素有关?

(2)结果报告中各个名称分别代表什么意思?互相有什么联系?

实验七　含油污泥油品回收实验(1):溶剂萃取法

1.实验目的

(1)了解含油污泥的理化性质。

(2)掌握含油污泥原油回收的多种方法及原理。

2.实验原理

溶剂萃取法广泛应用于从液固混合物中回收半挥发性或难挥发性的有机物。其工作原理就是"相似相溶"原理,选择适合的有机溶液作为萃取剂来萃取含油污泥中的油类物质,以达到回收利用的效果,很多有机溶剂被用作含油污泥的萃取剂。

二氯甲烷是无色透明液体,易挥发,有类似于醚的刺激性气味。不溶于水,溶于乙醇和乙醚,是不可燃的低沸点溶剂。在实验中常用作测定含油污泥含油率时的溶剂。

索氏提取法是利用溶剂回流和虹吸原理,使含油污泥每一次都能为纯溶剂萃取。索氏提取法的操作是将固体物质包裹在滤纸内,然后放于抽提器中。当烧瓶内的溶剂被加热沸腾后,蒸汽通过导管上升,被冷凝为液体流入抽提器中。当抽提器内的液面超过虹吸管最高处时,即发生虹吸现象,溶液回流入烧瓶,因此可对含油污泥进行反复萃取且萃取效率较高。其实验装置图如图 8-3 所示。

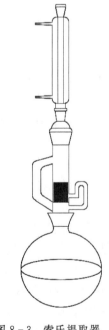

图 8-3　索氏提取器

3.实验材料

(1)实验材料:含油污泥样品、二氯甲烷(分析纯)。

(2)实验设备:滤纸、研钵、干燥箱、烧瓶、索氏提取器、镊子、烘箱。

4. 实验步骤

(1)将滤纸烘干至恒重(精确到 0.001 g)。

(2)称取一定质量的含油污泥样品放置于 105 ℃烘箱中干燥 3 h,然后放到干燥箱内冷却至室温。

(3)将含油污泥样品用研钵磨细,取 1 g(精确到 0.001 g)左右样品,记为 W_0,用滤纸包裹,称重记为 W_1,放于抽提器内。

(4)取 80 mL 二氯甲烷溶剂加入烧瓶内,然后加热烧瓶开始萃取过程。萃取温度为 45 ℃,萃取时间为 6 h,直至抽提器中的溶液澄清透明。

(5)萃取完成之后,用镊子取出滤纸包,在通风橱内使二氯甲烷挥发,然后将滤纸包置于 105 ℃烘箱中干燥 2 h,放入干燥箱中冷却至室温,反复烘干称量,直至滤纸包恒重,称重为 W_2。

5. 数据记录与处理

$$样品含油率 = (W_1 - W_2)/W_0 \times 100\%$$

6. 思考题

除了溶剂萃取法,列举一下其他含油污泥处理方法的优缺点。

实验八　含油污泥油品回收实验(2):热解法

1. 实验目的

(1)了解含油污泥的理化性质。
(2)掌握含油污泥原油的热解回收方法。

2. 实验原理

热解法是在惰性条件下,温度为 500~1000 ℃时有机物热分解的一种方法。热解产物主要是可冷凝烃类(热解油和热解水)和不可冷凝烃类(热解气)以及固体产物焦炭。

使用热解法处理含油污泥的优点:①含油污泥中的液体和气体产物具有比较高的热值,能实现对资源的回收;②能减小固体废物的体积,实现减量化;③和焚烧相比,含油污泥热解排放的有害物质少于焚烧,含油污泥中的重金属可以富集在热解残渣中。

用热解法回收含油污泥中的燃料已经被广泛研究。热解被认为是目前很有潜力的含油污泥处理方式之一,它最大的优势就是通过热解可以将含油污泥等一些废物转化为液态燃料类产物。含油污泥热解过程的研究不仅为化工等产品深加工提供了可能,也为能量的利用、储存和运输等提供了不可替代的便利条件。

目前含油污泥热解研究中常用到的反应器是固定床反应器,仅限于实验室规模。热解法处理含油污泥的实验装置如图8-4所示。

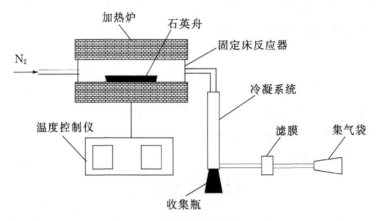

图8-4 固定床热解反应实验流程图

3.实验材料

(1)实验设备:氮气瓶、加热炉、温度控制仪、热电偶、固定床反应器、石英舟、冷凝管、锥形瓶、滤膜(0.2 μm)、集气袋、硅胶管、分液漏斗。

(2)实验材料:含油污泥样品。

4.实验步骤

(1)称取50 g(精确到0.01 g)的含油污泥样品(已知含油率η_1和含水率η_2)置于石英舟内,重量记为m,然后将石英舟放在固定床反应器的中间位置。

(2)按照图8-4的流程图组装实验设备,用硅胶管将不同的设备连接起来,给冷凝系统接上冷凝水。

(3)设置温度控制仪,升温速率为15 ℃/min,最终温度为600 ℃,然后保持1 h。

(4)通入氮气10 min后,打开温度控制仪控制开关,开始升温,热解反应开始进行,收集瓶收集热解油和热解水,热解气通过冷凝系统和滤膜,被集气袋收集。

(5)热解实验结束,关掉温度控制仪,开始降温。继续通入氮气,直到反应管温度降到室温,关掉氮气。

(6)将收集到的油水混合物倒入分液漏斗内,分离热解油和热解水,然后称重,热解油的重量记为m_1,热解水的重量记为m_2。

(7)收集到的热解气可送去进行GC分析。

5. 数据记录与处理

(1)热解油的回收率=$m_1/(m \cdot \eta_1) \times 100\%$

(2)热解水的回收率=$m_2/(m \cdot \eta_2) \times 100\%$

6. 思考题

(1)热解法处理含油污泥过程中的主要影响因素有哪些?

(2)热解中 N_2 的作用主要是什么?

(3)热解气的主要成分包括哪些?

本章参考文献

[1]宋立杰,赵天涛,赵由才.固体废物处理与资源化实验[M].北京:化学工业出版社,2008.

[2]杨慧芬,张强.固体废物资源化[M].北京:化学工业出版社,2013.

[3]石振武.国内利用粉煤灰提取氧化铝的研究新进展[J].广东化工,2014,41(15):120-121.

[4]唐云,陈福林.粉煤灰烧结熟料中氧化铝的溶出[J].金属矿山,2009(1):169-171.

[5]范艳青,蒋训雄,汪胜东,等.粉煤灰硫酸化焙烧提取氧化铝的研究[J].铜业工程,2010(2):34-38.

[6]赵倩.Na_2CO_3 活化粉煤灰/煤矸石提取 Al_2O_3 的工艺优化及机理[D].太原:山西大学,2016.

[7]杨慧芬,孟家乐,张伟豪,等.盐酸-氢氟酸对高铝粉煤灰中铝的浸出作用[J].无机盐工业,2017,49(3):43-46.

[8]王学涛.城市生活垃圾焚烧飞灰熔融特性及重金属赋存迁移规律的研究[D].南京:东南大学,2005.

[9]栾敬德.页岩飞灰重金属赋存形态及熔融制备的微晶玻璃性能研究[D].大连:大连理工大学,2010.

[10]苏昊林,王立久,汪振双.CAS 系粉煤灰建筑微晶玻璃工艺实验研究[J].功能材料,2011(7):1342-1345.